李毓佩数学故事

彩图版 侦探系列

数学探长酷酷猴

李毓佩 著

长江出版传媒 长江少年儿童出版社

鄂新登字 04 号

图书在版编目（C I P）数据

彩图版李毓佩数学故事. 侦探系列. 数学探长酷酷猴 / 李毓佩著.
—武汉：长江少年儿童出版社，2018.5
ISBN 978-7-5560-7835-6

Ⅰ. ①彩…　Ⅱ. ①李…　Ⅲ. ①数学—青少年读物　Ⅳ. ①O1-49

中国版本图书馆 CIP 数据核字（2018）第 046732 号

数学探长酷酷猴

出 品 人：李旭东
出版发行：长江少年儿童出版社
业务电话：（027）87679174　（027）87679195
网　　址：http://www.cjcpg.com
电子邮箱：cjcpg_cp@163.com
承 印 厂：中印南方印刷有限公司
经　　销：新华书店湖北发行所
印　　张：5.75
印　　次：2018 年 5 月第 1 版，2019 年 2 月第 3 次印刷
印　　数：20001－30000 册
规　　格：880 毫米 × 1230 毫米
开　　本：32 开
书　　号：ISBN 978-7-5560-7835-6
定　　价：25.00 元

人物介绍

1 酷酷猴

智勇双全的小猕猴，擅长数学。因穿着酷、破案酷，被大家称作“酷酷猴”。在本书中，他又有了一个代号：006。且看我们的数学神探如何侦破森林里的大案奇案。

2 黄狗警官

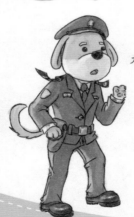

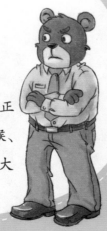

嗅觉灵敏，勤劳肯干，是酷酷猴探长的好帮手。

3 熊法官

疾恶如仇，是伸张正义的威严法官，和酷酷猴、黄狗警官等一起保护了大森林的一方安宁。

4 狐狸

诡计多端的罪犯。可是抓了一只坏狐狸，又冒出来一只狐狸坏。看来要狐狸向善，真是比登天还难。

5 独眼豹子

为营救狐狸，制造了一桩桩血案，给酷酷猴探长带来了不少麻烦。不过，邪终究胜不了正，罪犯也永远没有酷酷猴探长聪明。

目录

CONTENTS

劫持大熊猫

嘀嘀嗒——嘀嘀嗒——咚咚——又吹又打好热闹啊，原来是大森林里正开欢迎会，欢迎国宝大熊猫来这里访问。大象、山羊、小白兔和熊夹道欢迎大熊猫。大熊猫的脖子上挂着一串漂亮的竹雕项链，他频频向欢迎的人群点头挥手。

大象紧走两步，握住大熊猫的手："欢迎国宝大熊猫！"

大熊猫吸吸鼻子，向四周闻了闻："听说你们这儿有许多好吃的竹子。"

"有，有，你可以敞开吃。请先到宾馆休息。"大象带大熊猫来到刚建成的宾馆，宾馆全是用新鲜的竹子修建的。

大熊猫看见新鲜的竹子，饿劲儿就上来了，拿起竹编椅子张嘴就要啃。

大象急忙拦住他，说："这个椅子没清洗，不干净。我这就给你拿专门为你准备好的干净竹子。"

不一会儿，大象用鼻子卷着一大捆上好的竹子送给大熊猫。大熊猫美美地吃了一顿。

夜晚，大熊猫正准备休息，窗外忽然闪过两个瘦长的黑影。

大熊猫一路劳累，也没注意。他高举双手，打了一个哈欠："呵——真累，我要好好睡一觉了。"说着一头倒在床上，瞬间就打起了呼噜。

只见一个黑影朝屋里一指："就在里面，动手！"

两个蒙面人迅速蹿了进去，用口袋套住了大熊猫的脑袋。

大熊猫惊醒了，大喊："救命啊！"

其中一个蒙面人恶狠狠地说："周围没人，你叫也没用，快乖乖跟我们走吧！"说完，两人挟持着大熊猫，消失在茫茫的黑夜中。

第二天一早，黄狗警官匆忙来找酷酷猴。酷酷猴是一只小猕猴，这只小猕猴可不得了，他聪明过人，身手敏捷，而且数学特别好。

黄狗警官紧张地说："酷酷猴，不好了，国宝丢了！"

酷酷猴一愣："什么国宝？是文物还是金银珠宝？"

黄狗警官摇摇头说："都不是，是国宝大熊猫不见了。屋里还留了一张纸条。"

“拿给我看看！”酷酷猴接过纸条，只见上面写着：

大熊猫被关在北山第 m 号山洞。m 是宇宙数。

“什么是宇宙数？”黄狗警官说，“大森林里就数你的数学最好，你必须帮忙侦破此案。”

酷酷猴两手一摊：“可是我什么头衔都没有，谁听我的？”

“我黄狗警官任命你为森林侦探，代号007，怎么样？”

酷酷猴摇摇头：“我不当电影里的侦探，我要当数学侦探。”

“数学侦探的代号应该是多少？”

“006！”

“006？”黄狗警官摸了一下脑袋，“这006和007有什么区别？”

“区别可大啦！”酷酷猴十分严肃地说，“7是一个质数，而6是一个伟大的完全数！”

“什么是完全数？”

“6就是最小的完全数。6除去它本身，还有三个因数：1，2，3。而6 = 1 + 2 + 3。一个正整数，如果恰好等于它所有因数（本身除外）之和，则这个数叫作完全数。具有这种性质的数非常少，因为这样的数是完美无缺的！”

黄狗警官点点头：“噢，你当侦探是想做到和完全数一样完美无缺。”

“Yes！”

“不过叫006太别扭，还是叫你酷酷猴吧！”黄狗警官紧接着说，“咱俩要赶快找到第m号山洞，救出大熊猫！可是宇宙数是多少啊？”

“宇宙数是古希腊人发明的。”酷酷猴边说边写，“古希腊人把1，2，3，4这四个数看作四象，自然的根源就包含于四象之中。”

黄狗警官倒吸一口凉气：“这么深奥！”

“而把四象相加，就形成了广袤无垠的宇宙数。1 + 2 + 3 + 4 = 10，10 就是宇宙数。”

黄狗警官点点头：“看来他们是把大熊猫藏在北山第 10 号山洞里。”

“咱们去解救大熊猫！”酷酷猴和黄狗警官往北山跑去。他们来到北山就往山上走，来到第 10 号山洞洞口。黄狗警官趴在地上，迅速拔出手枪，把手一挥：“咱俩往里冲！”

新式毒气

酷酷猴一摆手："不成！咱们在明处，他们在暗处，硬冲会吃亏。"

酷酷猴采来许多树枝，用这些树枝扎成两个假人。

黄狗警官问："你这是要干什么？"

"山洞里漆黑一片，咱们来个以假乱真！"

黄狗警官一竖大拇指："高！实在是高！"

酷酷猴和黄狗警官推着两个假人，一边吆喝，一边往里爬："大熊猫，我们来救你了！"

嗖！嗖！忽然，两支暗箭从里面飞出来，都射在假人身上。

"哇，我中箭了！没命啦！"酷酷猴假装中箭，大声叫道。

一个蒙面人从里面跑了出来："哈哈，可以吃猴肉了！"

"哈，看你往哪儿跑！"这个蒙面人刚想去抓酷酷猴，黄狗警官忽然从后面用枪顶住了蒙面人的后腰，"不许动！

把手举起来！”

“摘下你的蒙面布，看看你到底是什么来路。”酷酷猴正要伸手去摘，蒙面人猛地推了一把黄狗警官：“天机不可泄漏！我走了！”说完掉头就跑。

“我看你往哪儿跑！”黄狗警官刚想举枪射击，酷酷猴拦住了他：“别开枪，抓活的！”

说时迟，那时快。酷酷猴迅速拆开自己的毛衣，把毛线的一头挂在了蒙面人的身上。随着蒙面人的逃跑，毛线逐渐拆开，酷酷猴的毛衣只剩下上面的一小半了。

黄狗警官埋怨酷酷猴：“你不让我开枪，这里面大洞套着小洞，他跑了，我们到哪里去追呀？”

酷酷猴指指自己的毛衣：“我把毛线的一头钩在了他的身上，你看，我的毛衣只剩一小半了，咱俩顺着毛线往前追，还怕他跑到天上不成？”

“酷酷猴的主意酷毙了！”说着，黄狗警官和酷酷猴顺着毛线往前追。

由于洞里太黑，两人追着追着，只听咚的一声，黄狗警官一头撞到了门上。

黄狗警官捂着脑袋：“我的妈呀，撞死我了！这里有扇门，门上好像有几个圆圈，还有字，但是看不清。”

酷酷猴摸到几根树枝，把树枝点着，借着火光把门上上下下仔细看了个遍，只见门上写着：

把从 1 到 7 这七个数字填到下面的七个圆圈里，使每条直线上的三个数字之和都相等，且使外圈中的 $a+c+e=b+d+f$，大门将自动打开。

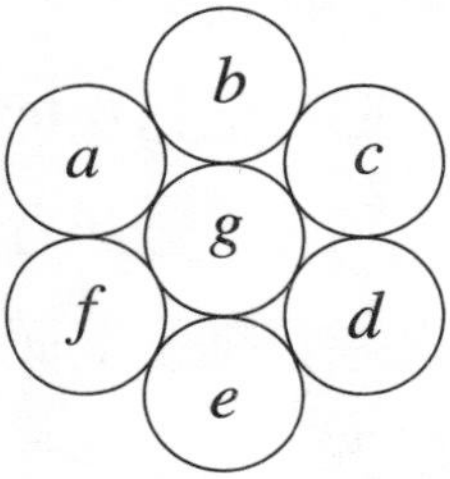

黄狗警官问：“酷酷猴，这个问题要从哪儿入手？”

酷酷猴想了想：“1到7这七个数字，最中间的是4，而大小两头相加都相等：1+7=2+6=3+5=8。”

“我明白了。”黄狗警官说，“把4放在正中间，使得1、4、7，2、4、6，3、4、5各在一条直线上，它们相加都等于12。”

“对！还有一个条件哪，但是道理差不多，我填上吧！”酷酷猴把数字填进圆圈里。

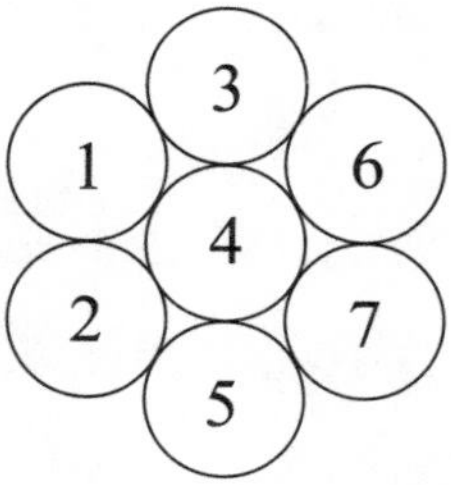

酷酷猴刚填好，呼的一声，大门打开了，一股强烈的臊味从门里散发出来，把黄狗警官和酷酷猴熏得跌了一个跟头。

但没办法，还是得往里冲呀。黄狗警官和酷酷猴捂着鼻子冲进洞去，只见大熊猫晕倒在地上。

黄狗警官一指：“两个蒙面人跑了！”

酷酷猴忙说：“看看大熊猫是不是还活着。”

黄狗警官伸手在大熊猫鼻子底下试了试：“他还有

呼吸。”

“那不要紧，他是让臊味熏晕了。快叫醒他。”

“大熊猫，你醒醒！”黄狗警官不断摇晃大熊猫。

大熊猫喘了口粗气：“一个蒙面人冲我放了一个屁，就把我熏晕过去了。这哪里是屁？纯粹是新式毒气啊！”

黄狗警官问：“他们有没有伤着你？”

大熊猫一摸脖子，发现竹雕项链不见了，顿时放声痛哭：“哇！我最宝贵的竹雕项链不见了，那是我妈妈的妈妈的妈妈传下来的，现在丢了，这可怎么办哪？呜——哇——”

黄狗警官在一旁劝说：“你不要难过，有神探酷酷猴在，一定可以帮你把竹雕项链找回来。”

黄狗警官回头问酷酷猴：“咱俩怎么办？”

酷酷猴一挥手：“走，到自由市场转一圈！”

“去自由市场干什么？”

“他们抢走竹雕项链，一定会卖出去的。自由市场人多手杂，容易浑水摸鱼，把东西卖出去。”

黄狗警官点点头：“走！”

竹雕项链

酷酷猴和黄狗警官穿着便装来到自由市场，只见市场上十分热闹，卖什么的都有。突然，一只大灰狼凑到酷酷猴身边，小声神秘地问："办证吗？买美元吗？买黄金吗？"

酷酷猴压低声音问："有宝贝吗？"

"有！"大灰狼拍着胸脯说，"只要你说出是什么宝贝，如果没有，兄弟我给你抢去！"

酷酷猴一个字一个字地说："竹——雕——项——链。"

"嗯？"大灰狼的眼珠在眼眶里转了三圈，"我们刚刚弄到手的竹雕项链，你怎么知道？"

酷酷猴皱起眉头，不耐烦地问："真啰唆！你到底卖不卖？"

大灰狼掏出两根蜡烛，同时点燃："这两根蜡烛一样长，但不一样粗。粗蜡烛 6 小时可以点完，而细蜡烛 4 小时可以点完。当一根蜡烛的长度是另一根的 2 倍时，我拿着货在这儿跟你交易，过时不候。"说完头也不回地走了。

黄狗警官摇摇头："这只大灰狼也真怪，不用钟表，而用蜡烛计时。"

酷酷猴说："黑社会歪门邪道多。咱们要把交易的准确时间算出来。"

"这可怎么算？"

"由于两根蜡烛一样长，可以设它们的长度为 1。"酷酷猴边说边写，"又设一根蜡烛燃到它的长度是另一根的 2 倍时所需要的时间为 x 小时。这样，粗蜡烛 1 小时烧掉它长度的$\frac{1}{6}$，x 小时就烧掉了$\frac{x}{6}$，剩下$1-\frac{x}{6}$。"

黄狗警官点点头："是这么个理儿。"

酷酷猴接着说："同样，细蜡烛 1 小时烧掉长度的$\frac{1}{4}$，

x小时就烧掉了$\frac{x}{4}$，剩下$1-\frac{x}{4}$。经过x小时，粗蜡烛的长度是细蜡烛的2倍，可以列出方程：$1-\frac{x}{6}=2(1-\frac{x}{4})$，$\frac{6-x}{6}=\frac{2(4-x)}{4}$，解得$x=3$。要过3小时才能交易。”

“要过3小时呀？”黄狗警官急于抓住罪犯，急得抓耳挠腮。

酷酷猴笑着说：“人家都说我们猴子是急脾气，你黄狗警官比猴子还急，哈哈！”

好不容易熬过了3个小时，黄狗警官迫不及待地说：“交易时间到了。”

酷酷猴和黄狗警官瞪大了眼睛，四处张望，果然看见大灰狼晃晃悠悠地走了过来。

大灰狼冲他们俩招招手：“嗨，你们还行，准时来交易。”

酷酷猴往前走了两步，压低声音问：“货带来了吗？”

大灰狼把脖子一梗，一脸严肃地喊道：“这竹雕项链是稀世珍宝，怎么能在自由市场这么乱的地方交易？”

酷酷猴揪了一下大灰狼的袖子：“有话好好说，你嚷什么？你敢保证这里没有便衣警察？”

大灰狼吐了一下舌头，然后凑在酷酷猴的耳边小声说：“半小时后，到中心大街的一家咖啡馆里交易。咖啡馆的门牌号是一个左右对称的四位数，四个数字之和等于为首的两个数字所组成的两位数。”说完左右看了看，没发现什么特殊情况，就一溜烟走了。

黄狗警官摇摇头：“又出一道数学题！”

“好玩儿！”酷酷猴遇到数学题可就来劲了，“我设这个四位数是 $abba$。”

“哎，你为什么不设这个四位数为 x，而设成 $abba$ 呢？”黄狗警官有点不明白。

酷酷猴解释说：“因为这个数是左右对称的四位数，设成 $abba$ 可以用上给出的条件。”酷酷猴开始分析题目，“大灰狼说‘四个数字之和等于为首的两个数字所组成的两位数’……”

黄狗警官打断了酷酷猴的话:“四个数字之和是 $a+b+b+a$，可是为首的两个数字所组成的两位数怎么表示？”

“写成 $10a+b$ 啊！这时可以得到：$2(a+b)=10a+b$，$b=8a$。由于 a 和 b 都是一位数，所以 a 只能取 1，b 等于 8。”

“这么说咖啡馆的门牌号是 1881 号了。”黄狗警官非常高兴。

“我拿上钱！”酷酷猴提着一箱子钱和黄狗警官直奔咖啡馆。

知识点解析

蜡烛燃烧问题

在相同燃烧时间下，两支粗细不同的蜡烛的燃烧效率不同，此类问题可按照工程问题的思路解答。蜡烛燃烧的时间相当于工作时间，单位时间里燃烧的蜡烛长度就是工作效率。故事中，根据燃烧时间，可以得出粗蜡烛的燃烧效率是$\frac{1}{6}$，细蜡烛的燃烧效率是$\frac{1}{4}$，根据题意，假设燃烧时间是x，找出等量关系，用方程解决问题。

考考你

有两支长度相同，但粗细不同的蜡烛，细蜡烛 2 小时可以燃烧完，粗蜡烛 3 小时可以燃烧完。一天晚上忽然停电，同时点燃这两支蜡烛，来电后又同时熄灭这两支蜡烛，发现剩下的粗蜡烛长度是细蜡烛长度的 2 倍。那么，停电了多少分钟？

打开密码箱

咖啡馆前，一个穿着破衣服的穷狐狸在向路人要饭吃：“可怜可怜我穷狐狸，给点吃的吧！”

黄狗警官一愣：“奇怪，我第一次看见狐狸要饭。”

酷酷猴也觉得蹊跷：“狡猾的狐狸怎么会要饭？咱俩要好好观察他。”

但时间紧迫，不容多想，他们俩赶紧迈步走进咖啡馆。

大灰狼迎了上来，笑呵呵地说：“二位来得好快。”

酷酷猴提了提手中的箱子，说：“我要看货。”

大灰狼却摇摇头：“按道上的规矩，应该我先看钱。”

“看！”酷酷猴啪地打开了箱子，里面满满的都是金币。

“哇，这么多金币！看来我要发大财啦！”大灰狼的眼珠都红了。

酷酷猴说：“我的钱没问题，你的货呢？”

大灰狼交给酷酷猴一张纸条：“这上面写着价钱，你先算算这些金币够不够，钱够了再验货。”

纸条上写着：

买竹雕项链需要这么多金币：这些金币取出一半外加10枚给狐大哥，把剩下金币的一半外加10枚给狼二弟，再把剩下金币的一半外加30枚赠送给神探酷酷猴，钱就分完了。

“呀，还分给酷酷猴你一份哪！”黄狗警官撇撇嘴，“不用理他，他使的是离间计。酷酷猴，快算出他要多少钱吧！”

“可以用倒推法来算。”酷酷猴边说边算，“最后他把剩下金币的一半外加30枚给了我，就分完了。这说明最后剩下的金币是$30\times2=60$（枚）。”

黄狗警官点点头：“对！这30枚金币占了最后剩下的金币的另一半嘛。”

酷酷猴说：“往前推，第二次是把剩下金币的一半外加10枚给狼二弟，分完剩下了60枚金币。由此可以知道第二次分时，总共有$(60+10)\times2=140$（枚）金币。他们要的总钱数是$(140+10)\times2=300$（枚）金币。”

“先答应他，把他稳住！你出去看看要饭的狐狸还在不在。”酷酷猴说。

黄狗警官点点头，出去了。

酷酷猴回头对大灰狼说：“只要 300 枚金币？我带的钱绰绰有余，看货吧！”

提到看货，大灰狼面露难色。他支支吾吾地说：“我不是不想给你们看，竹雕项链在我大哥手里。”

“你说的是狐大哥吧？”酷酷猴一语道破，“刚才我看到他在门口要饭哪！”

大灰狼吃了一惊：“啊，你都知道了？”

黄狗警官慌慌张张地从门外跑进来：“不好，那个要饭的狐狸不见了。”

酷酷猴脸色骤变：“啊，让他跑了？”

突然，一声咳嗽传来，只见狐狸从外面走了进来。他早已不是要饭的穷酸相了，而是一副绅士派头——身穿黑色燕尾服，衣领上打着蝴蝶结，鼻梁上架着墨镜，嘴里叼着雪茄，手提一个精致的密码箱。

狐狸冲酷酷猴点点头：“谁说我跑了？我要完了饭，回家换了件衣服才赶来。不算晚吧？”

酷酷猴也不搭话，直奔主题：“狐狸先生，货带来了吗？”

狐狸提了提手中的密码箱：“在这里边。不过，我这个密码箱必须看货人自己来开。”

酷酷猴看见这个密码箱的密码很特别，是一个圆圈，里面并排着红、绿、黄三个小钮。

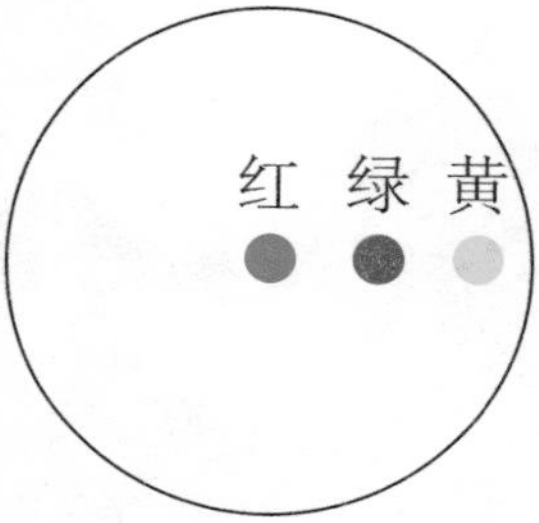

酷酷猴问："怎么个开法？"

狐狸递给酷酷猴一支电子笔："请你用这支电子笔，把这个圆分成大小和形状完全相同的两块。使一块中含有绿钮，另一块中含有黄钮。"

黄狗警官在一旁连连摇头："这开箱的密码也太复杂了！这谁会啊？"

狐狸嘿嘿一笑："想买宝贝就必须有智慧。"

酷酷猴接过电子笔，琢磨了一下，然后动手画："我先画一个同心圆，再画两条线。"酷酷猴画出分法。

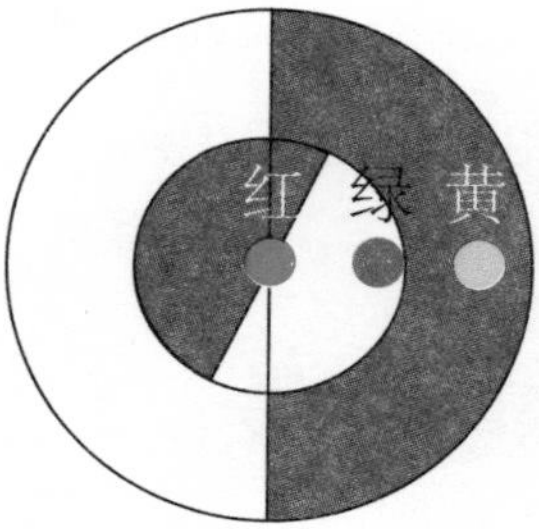

酷酷猴刚画完，箱子里传出悦耳的音乐声。伴随着音乐声，密码箱慢慢地开了。

黄狗警官往箱子里一看，发现里面并没有什么竹雕项链，只有一把手枪！

说时迟，那时快，狐狸迅速拿起手枪对准酷酷猴："不许动！狼二弟，把装金币的箱子拿走！"

"好的！"大灰狼提起装金币的箱子，大步走出了咖啡馆。狐狸殿后，也见机逃走了。

虎穴擒敌

黄狗警官着急地说："他们把金币抢走了，咱们快追吧！"

酷酷猴一摆手："不必了！他们拿走的是一台无线电发射器。"说完，酷酷猴从桌子下面拿出一个一模一样的箱子。

"装金币的箱子在这儿呢！"酷酷猴说，"他带走的无线电发射器会不断地发射电波，我这儿有接收器，就能随时知道他们俩的行踪。"

黄狗警官一竖大拇指："真酷！"

大灰狼提着箱子，和狐狸兴高采烈地往前走。

狐狸得意地说："哈哈，酷酷猴还不知道我早已摸清了他的底细。原本以为他多了不起呢，没想到我略施小计，就把这笔巨款弄到手啦！"

"一个瘦猴，怎么能和大哥比呀？"大灰狼忽然觉得有点不对劲，把箱子上下提了提，"咦，我怎么觉得这个箱子这么轻啊？"

狐狸一惊："快打开看看！"

大灰狼打开箱子，发现里面一个金币也没有，只有一台无线电发射器。他失望地说："啊，哪有什么金币？"

狐狸眉头紧皱："这是一台无线电发射器，坏了，我们被酷酷猴跟踪了。"

"咱们快把这个破玩意儿扔了吧！"

"不。"狐狸恶狠狠地说，"咱俩来个将计就计，带着它躲进虎窝，让老虎去收拾他。"

大灰狼一拍屁股，蹿起老高："大哥的主意绝了！"

酷酷猴拿着接收器，和黄狗警官在后面紧追。黄狗警官抹了一把头上的汗，问："他们俩跑到哪儿去了？"

"仪器显示他们就在前面。"

酷酷猴和黄狗警官追着追着，就追到老虎洞前了。

酷酷猴倒吸了一口凉气："不好，狐狸钻进老虎洞里了。"

"啊？"黄狗警官也吓了一跳，"这只老虎外号叫'霸王虎'，蛮不讲理，咱俩可要格外小心！"

只听嗷的一声，老虎返回洞穴了。他冲酷酷猴和黄狗警官喝道："你们往里看什么？是不是想偷我的东西？"

酷酷猴解释说："我们是路过，随便看看。"

老虎疑心未消，瞪眼吼道："谁敢惦记我的东西，我就把谁的脑袋拧下来！”

酷酷猴和黄狗警官互相看了一眼，就走开了。黄狗警官吐了吐舌头：“霸王虎回来了，咱们不能硬闯啦！”

酷酷猴抬头看见树上停着一只松鼠，说：“有了，我来问问小松鼠。小松鼠，你知道霸王虎什么时候不在家吗？”

松鼠皱了一下眉头：“这我要查查记录本。”

松鼠戴上眼镜，看着记录本念道：“霸王虎每天 7 点到 9 点肯定不去爬山，9 点到 12 点不去玩水，13 点到 14 点不去酒吧，8 点到 10 点不去捕食，13 点到 14 点不去找母老虎。完了！”

黄狗警官急了：“你这是什么记录啊？只记了霸王虎不去干什么事。”

松鼠把脖子一梗，斜眼看着黄狗警官：“我就爱记老虎在什么时段不去哪儿，你爱听不听！”

黄狗警官一股怒火往上蹿：“嘿，霸王虎门口的小松鼠也这么霸道！”

酷酷猴赶紧打圆场：“小松鼠说的情报也很重要，我们可以从中分析出霸王虎在哪个时间段最有可能不在家。”

黄狗警官一脸怒气，问：“这么乱，怎么分析啊？”

“可以先列张表。”酷酷猴画了一张表，“霸王虎每天7点到9点肯定不去爬山，这个时间段就有可能在家。我们可以在这张表上把霸王虎可能在家的时间段画上‘×’。根据小松鼠提供的情报，可以在表上画出许多‘×’。”酷酷猴又补充说：“凡是画‘×’的时间段，可以肯定霸王虎不去参加某项活动，有可能在家；而没有画‘×’的时间段，他最有可能不在家。”

黄狗警官说：“咦，我发现12点到13点这个时间段没有画‘×’。”

	7—8点	8—9点	9—10点	10—11点	11—12点	12—13点	13—14点
爬山	×	×					
玩水			×	×	×		
去酒吧							×
捕食		×	×				
找母虎							×

酷酷猴说：“那就是说，12点到13点这个时间段霸王虎最有可能不在家，我们在这个时间段进虎穴最保险。”

“好，那咱俩就等这个时间进去。”说完，黄狗警官和酷酷猴躲进草丛里，等候时机。

林中血案

快到 12 点的时候，霸王虎果然出洞了：“12 点到了，该去泡酒吧了！”说着，呼的一声挟着一股山风走了。

酷酷猴一摆手：“快，冲进去！”黄狗警官和酷酷猴迅速冲进了虎穴。

此时，大灰狼和狐狸正躺在洞的深处休息。大灰狼得意地说：“咱俩藏在这儿，绝对保险。酷酷猴和黄狗警官拿咱们没辙！”狐狸干笑了两声：“嘿嘿，酷酷猴要敢来，看霸王虎把他们给吃了！”

两人正谈得开心，只听得一声：“不许动！举起手来！”黄狗警官用枪对准了大灰狼和狐狸。狐狸先是一愣，接着大喊：“霸王虎快来呀！酷酷猴私闯虎穴啦！”

酷酷猴迅速蹿了过来：“你叫也白叫，霸王虎去泡酒吧了。把你抢走的竹雕项链还回来吧！”说着从狐狸的脖子上扯下了竹雕项链。

“完了！”狐狸一屁股坐在了地上。

黄狗警官和酷酷猴将狐狸和大灰狼押送到了警察局。

竹雕项链案破获后，黄狗警官和酷酷猴清闲了几天。这天，他们正在林中散步，小山羊气急败坏地跑来，说："黄狗警官，不好啦！我的弟弟被人害死了！"一只老母鸡也飞扑过来，说话的声音都变了调："我的四只小鸡被强盗吃了！呜呜——"

黄狗警官冲酷酷猴做了个鬼脸："酷酷猴，看来你又休息不了啦！"酷酷猴一挥手："快去现场看看！"

他们先来到山羊的家，只见地上有一摊血迹。酷酷猴让小山羊先说一说命案发生的过程。

小山羊咽了一口口水，定了定神："我一早就出去打草，中午回来就看见地上这摊血，再一找，弟弟不见了！我的好弟弟呀！呜——"

酷酷猴和黄狗警官在现场仔细察看凶手留下的证据，黄狗警官忽然发现墙上有一个用血写成的特殊符号（图①）。

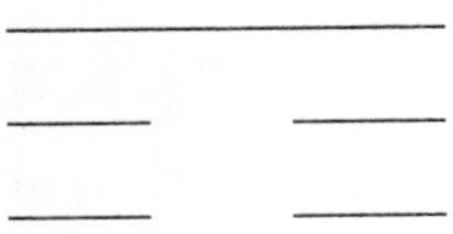

图①

黄狗警官叫道："酷酷猴，你看这是什么？"

酷酷猴走过来，仔细地看了看："这看起来像八卦图。"咔嚓！酷酷猴用照相机把这个符号拍了下来。酷酷猴对黄狗警官说："这里检查完了，该去老母鸡家了。"

他们俩刚要走，母兔又带着哭音跑来了："酷酷猴，我家也发生血案了！我的一双儿女被坏蛋吃了，请你一定要帮我找出凶手！"

"快去看看！"酷酷猴和黄狗警官来到了母兔家，发现墙上也有一个用血写成的特殊符号（图②）。酷酷猴把这个符号也拍了下来。

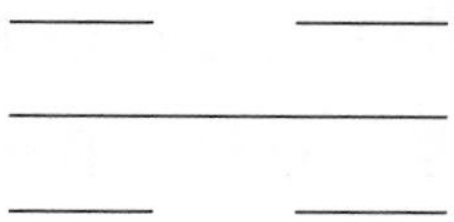

图②

他们又马不停蹄地赶到老母鸡家，在墙上发现了第三个符号（图③）。

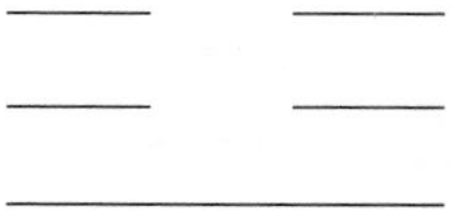

图③

黄狗警官问："酷酷猴，你说凶手为什么要留下这些符号呢？"

酷酷猴回答："我也在思考这个问题，凶手留下这些特殊符号，肯定是想告诉我们什么。"

这时，母兔拿着一封信跑了进来："酷酷猴，我在门外捡到一封信。"

"快拿来看看。"酷酷猴打开信，信的内容是：

酷酷猴：

你快把我狐狸大哥和大灰狼兄弟从监狱里放出来。我已经杀了（图④）只羊，（图⑤）只兔，（图⑥）只鸡。这是对你的警告！明天你必须在离小羊家（图⑦）米处的广场，把我狐狸大哥和大灰狼兄弟放了，否则，我明天晚上将杀死（图⑧）只猴子！

杀人魔王

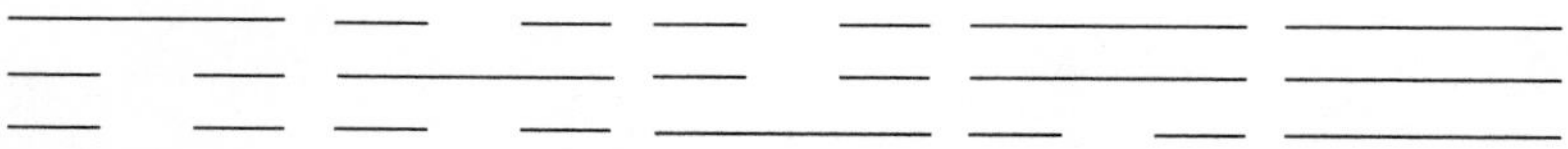

图④ 图⑤ 图⑥ 图⑦ 图⑧

"好凶狠的罪犯！"黄狗警官说，"这个自称'杀人魔王'的罪犯杀气十足，却一直不肯露面！"

"这个'杀人魔王'既然会画出这些特殊符号，说明他的智商不低。"酷酷猴说，"对这种罪犯只能智取，不能强攻。"

争抢钥匙

酷酷猴说："咱们把他留下的几个符号分析一下。"说着把五个符号一字排开放在了地上。

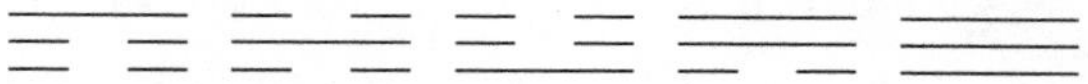

酷酷猴说："把它们放在一起，便于比较它们有哪些相同之处和不同之处。"

黄狗警官仔细观察了一会儿："咦，我发现每个符号都是由三条连续的或中间断开的短横线组成。"

酷酷猴分析说："你看，这里连续的短横线的位置很有讲究，如果只有一条连续的短横线，它在上面时表示 1，它在中间时表示 2，它在下面时则表示 4。"

黄狗警官问："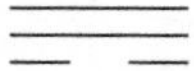 这个符号，它上面和中间各有一条连续的短横线，又表示多少？"

酷酷猴说："这个符号应该表示 1 + 2 = 3。"

“这么说，杀人魔王让咱们明天在离小羊家 3 米处的广场把狐狸放了。符号 ≡ 一定表示 1 + 2 + 4 = 7，否则他将杀死 7 只猴子！”黄狗警官回头问酷酷猴，“怎么办？放吧，等于放虎归山；不放吧，7 只猴子有生命危险。”

“放！咱们设个圈套，引蛇出洞！”

“放？放了可就抓不回来了。”

酷酷猴说：“哪能随便放？要大张旗鼓地放！”

黄狗警官吃惊地说：“啊？还要大张旗鼓地放？”

“对！我们得准备好木栅栏，贴出告示，说明天上午 9 点，在离小羊家 3 米处的广场释放狐狸和大灰狼。”

酷酷猴忙开了，他在广场上用木栅栏围成一个圆形场子，在 A、B 处各立了一根木桩，木桩上各有一个铁环。

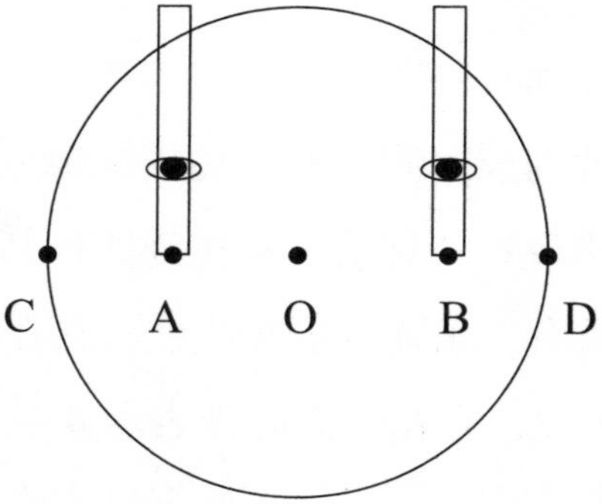

酷酷猴向黄狗警官介绍这个栅栏围场各部分的尺寸：“这个圆形场子半径是20米，A和B各在半径的中点。在A、

B点各立了一根木桩，木桩上各有一个铁环。”他又拿出一根长绳，“这条绳子长30米。我把绳子从两个铁环穿过，再用锁把狐狸锁在绳子靠A点的这端，把大灰狼锁在绳子靠B点的一端。”他把钥匙挂在C、D点，“我把开狐狸锁的钥匙挂在C点，把开大灰狼锁的钥匙挂在D点。”

第二天早上，来看热闹的动物越聚越多，大家都想看看酷酷猴怎样释放狐狸和大灰狼。

酷酷猴看人来得差不多了，就当众宣布：“我正式宣布释放狐狸和大灰狼，但要他们自己开锁。钥匙离他们俩近在咫尺，谁能拿到钥匙，谁就可以打开锁。现在开始拿钥匙！”

狐狸听说开始，抢先向 C 点的钥匙奔去，几乎同时，大灰狼奔向了 D 点。

但因为狐狸和大灰狼被拴在同一根绳子上，大灰狼往前一跑，就把狐狸拉了回来。

狐狸感到奇怪："咦，我怎么离钥匙越来越远了？我得赶紧拿到钥匙！"狐狸奋力向 C 点奔，这时大灰狼也被拉了回来。

大灰狼也感到奇怪："谁在拉我往回跑？"他一回头，发现是狐狸干的。

大灰狼急了，指责狐狸说："我去拿钥匙，你为什么把我往回拉？"

狐狸也一肚子火，他冲大灰狼叫道："是你拉我！怎么会是我拉你呢？"

大灰狼来气了："好，你不讲理，我就用力往前拉！哈，我快拿到钥匙啦！"大灰狼的力气比狐狸大，他用力往前一拉绳子，就把狐狸拉到了木桩上。

狐狸大叫："哇，我要被勒死了！"

眼看大灰狼要够到钥匙了，黄狗警官有点紧张。他捅了酷酷猴一下："酷酷猴，你看！大灰狼快够到钥匙啦！"

酷酷猴摇摇头："没事，他够不着。"

"怎么够不着？绳长 30 米，而 AD 的距离恰好也是

30 米呀！”

“我在给他们俩上锁时，把绳长各向里折了 0.1 米。差 0.2 米，大灰狼是够不到的。”

这时，大灰狼和狐狸为了让谁先拿到钥匙而争吵起来。

大灰狼急红了眼，叫道：“你应该让我先拿到钥匙！”

狐狸把尾巴一甩：“凭什么？我是大哥，我应该先拿到钥匙！”

“什么大哥不大哥的，不让我先拿到钥匙，我就咬死你！嗷——”大灰狼率先发起攻击。

“敢和大哥讨价还价，你不想活了？嗷——”狐狸也不示弱。

大灰狼和狐狸打了起来。

“好，打得好！”

“使劲打！”

围观的动物早就恨透了狡猾的狐狸和凶狠的大灰狼，都在一旁拍手叫好。

巧摆地雷阵

正热闹间，一只戴着眼罩的独眼豹子跳进了场子。

豹子厉声喝道："住手！都什么时候了，你们还自相残杀？"

狐狸大呼："哇，豹子老弟来了，我们有救啦！"

酷酷猴眼睛一亮："好！杀人魔王现身了！"

黄狗警官一惊："原来杀人魔王是独眼豹子。"

只见独眼豹子一蹿，就到了C点，伸手拿到了钥匙。

狐狸着急："豹子，你快点给我开锁呀！"

"大哥别着急，我这就给你打开。"可是独眼豹子怎么也打不开锁，急得哇哇直叫。

这时，酷酷猴从腰间拿出一副手铐，边抖动手铐边说："独眼豹子，你这个杀人魔王！你拿的那把钥匙是开我手里这副手铐的。你快把这副手铐打开，给自己戴上吧！省得我们费劲。"

"哇，上酷酷猴的当了！"独眼豹子蹿出栅栏，落荒而逃。

狐狸大喊："豹子，别忘了把我们俩救出去！"

但独眼豹子跑得实在太快，一拐弯就没影儿了，也不知道他到底听没听见。

眼看追不上独眼豹子了，黄狗警官狠狠地跺了一下脚："独眼豹子已经杀了 7 只动物，一定要把他捉拿归案。"

"放心，饶不了他！"

"怎么才能抓到他呢？"

酷酷猴低头想了想："第一场战役咱们已经胜利，知道了杀人魔王就是独眼豹子。现在需要打第二场战役。"

"这第二场战役又如何打？"黄狗警官很感兴趣。

酷酷猴小声说："独眼豹子一定会到监狱来救狐狸和大灰狼的，咱们给他摆个地雷阵。"

"地雷阵？好玩儿！"黄狗警官兴致大发，和酷酷猴一同动手，摆起了地雷阵。

天刚黑，独眼豹子就鬼鬼祟祟地来到监狱外。

独眼豹子小声自言自语："我必须把狐狸大哥、大灰狼兄弟救出来！不然的话，人家该说我独眼豹子不讲义气了。"

独眼豹子的行动早被看守监狱的熊警察看在眼里，熊警察说："啊，独眼豹子来了！按着酷酷猴的计划，我该装睡了。”

熊警察伸了个懒腰：“呵——真困哪！反正现在也没什么情况，我不如眯一小觉！”说着就抱着枪睡着了。

独眼豹子见时机已到，直奔监狱的大门。他贴着大门侧耳一听，里面传来呼噜声——熊警察睡得正香。

“哈哈，正是个机会，我赶紧去救人！”独眼豹子刚想打开监狱门，监狱上方的探照灯忽然唰的一声全亮了，独眼豹子被罩在了灯光中间。

“独眼豹子，你好啊！”

独眼豹子定睛一看，酷酷猴和黄狗警官出现在眼前，再一看，熊警察也站了起来，端着枪直指自己。

独眼豹子大叫：“又上当了！”

酷酷猴笑嘻嘻地说：“独眼豹子，我们等你很久了！”

独眼豹子怒极反笑：“我豹子可是短跑冠军，我想逃，你们谁能追得上？”

“想逃？”酷酷猴不慌不忙地说，“你正站在一个地雷阵的中间，你要是乱走一步，就会踩上地雷。”

独眼豹子低头一看，自己可不正站在一个图形的中间？

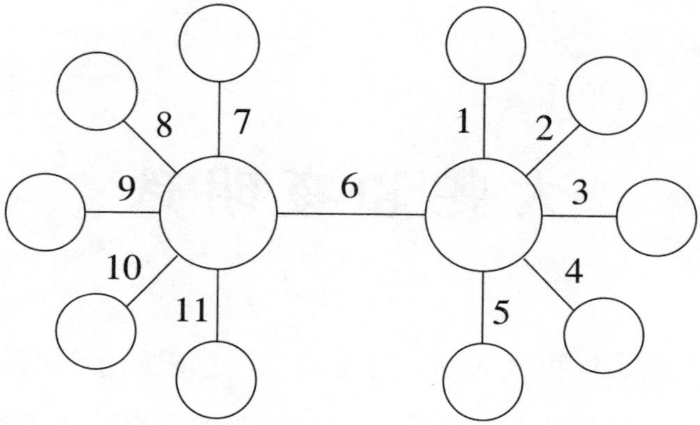

“出地雷阵不难。”酷酷猴说，“地雷阵短线上标有从 1 到 11 共十一个数，你要把 0 到 11 这十二个数填入圆圈中，使得短线上的每一个数都等于它两端圆圈内数字之差。如果你能全部填对，就可以顺利走出地雷阵。”

“如果我填错了一个，就会踩上地雷？”

酷酷猴点点头：“对极啦！”

大蛇和夜明珠

“天哪！我该从哪儿开始填？”独眼豹子顿时没了威风，战战兢兢地开始填数，“我的腿怎么直哆嗦呀？”

独眼豹子左填一个不对，右填一个也不对，不一会儿就满头大汗：“看样子我是填不出来了。与其被地雷炸死，还不如当你们的俘虏呢！酷酷猴，我投降！”独眼豹子高举双手服输。

酷酷猴笑眯眯地说：“识时务者为俊杰，投降就好！”

独眼豹子问：“那我应该如何填，才能填对？”

酷酷猴说：“关键是如何填好位于中心的两个数。其中一个填 0 最好，这时你在 0 周围的圆圈中填几，线段上的数也就是几。此时你应该在 0 的周围选大数来填，即 7 到 11。”

独眼豹子按着酷酷猴说的方法填好了一半。

“嘿！知道了填的方法，填起来并不难！”独眼豹子接着问，“剩下的一半怎么填？”

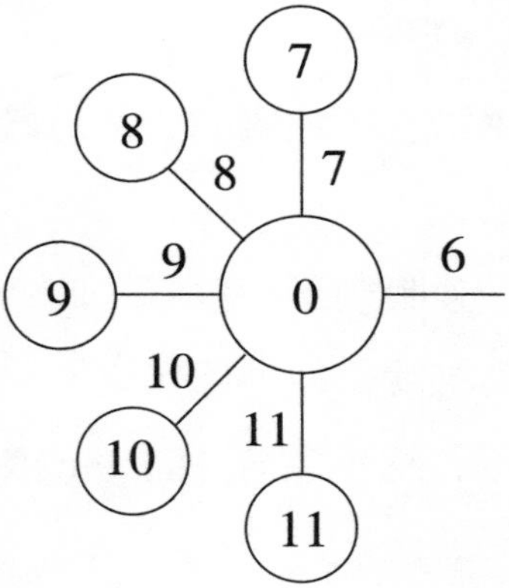

“自己想！”

“自己想就自己想！”独眼豹子边说边填，“由于正中间的短线段上写着 6，那边的圆圈已经填了 0，这边的圆圈就要填 6。没错，就是 6！”

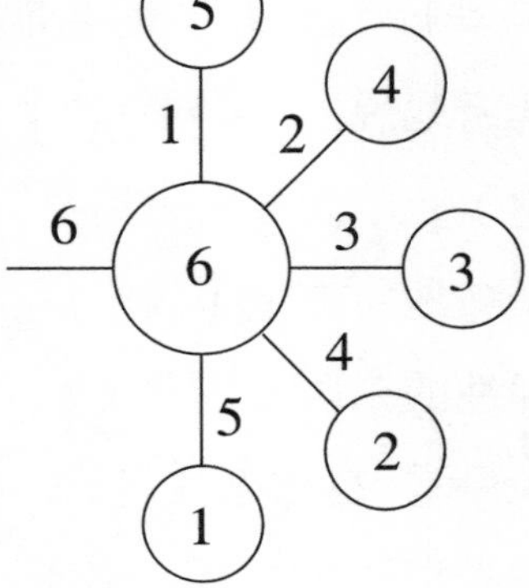

不一会儿，独眼豹子把另一半也填完了。他高兴地在地雷阵里边跳边唱：“我全填对了！啦啦啦——我可以走

出地雷阵了！啦啦啦——”

酷酷猴亮出手铐：“独眼豹子，你既然投降，把手铐戴上吧！”

“戴手铐？”独眼豹子把独眼一瞪，“我可不戴那玩意儿！”说完，见机就要往外跑。

酷酷猴一弯腰，把地雷阵中的9改为8：“看你怎么逃！”

独眼豹子刚跑一步，只听轰隆一声，地雷爆炸，独眼豹子被炸上了天。

黄狗警官高兴极了：“杀人魔王再也害不了人啦！”

“独眼豹子真的被炸死了吗？”酷酷猴四处寻找，“怎么不见他的尸体呢？”

黄狗警官摸了一下后脑勺：“他准是被炸成肉末了！”

酷酷猴非常严肃地说：“不对，地上连点血迹都没有，独眼豹子一定是跑了，咱俩分头去追！”

再说独眼豹子被地雷炸上了高空后，又掉了下来，正好砸在一团富有弹性的东西上。

独眼豹子低头一看，自己砸在盘成一盘的大蛇身上了。

“呀，砸死我啦！”大蛇怒火中烧，紧紧缠住独眼豹子，张口就要吞，“你好大胆！敢砸我？我把你当作一顿美餐吃了！”

独眼豹子拼命挣扎，高喊："冤枉啊！我是被地雷炸到这儿的。"

大蛇不理那一套，张开血盆大口就要吞独眼豹子。

"请口下留情！"酷酷猴及时赶到，"独眼豹子是我们通缉的要犯，我们要把他捉拿归案。"

大蛇不干："他砸了我，不能白砸呀！"

酷酷猴问："那你想怎么办？"

"嗯——"大蛇想了想，说，"你若能帮我解决一个难题，我就把独眼豹子交给你。"

"说说看。"

"我妈临死前，留给我两箱夜明珠。这两箱夜明珠的数目都是三位数，其中一箱夜明珠数的个位数是4，另一箱夜明珠数的前两位是28，两箱夜明珠数以及夜明珠数目之和恰好用到了0到9这十个数。我妈说，算不出这两箱夜明珠各有多少，这夜明珠就不归我。你能告诉我，这两箱夜明珠各有多少吗？"

大蛇刚说完，独眼豹子就抢着说："你真笨！打开箱子数数，不就全知道了吗？"

大蛇把眼睛一瞪："我吞了你！如果我妈让我打开箱子数，我还用求别人？"

山羊转圈

酷酷猴略微想了想："既然这里出现了 10 个不重复的数，两个箱子里的夜明珠数又都是三位数，那它们的和必然是四位数。不然的话，就凑不齐这十个数。"

大蛇点点头："说得对！"

酷酷猴接着说："其中一箱夜明珠数的个位数是 4，可以设这箱夜明珠数为 $AB4$。另一箱夜明珠数的前两位是 28，可以设这箱夜明珠数为 $28C$。"

独眼豹子虽然被大蛇紧紧缠住，可是他的嘴一点儿没闲着，他抢着说："可是和是个四位数，组成它的四个数字一个也不知道，看你怎么办？"

大蛇把独眼豹子的身子缠得更紧了些："你死到临头了，还敢瞎说？"

独眼豹子立刻求饶："勒死我了！我不说了，我不说了。"

酷酷猴分析道："可以设和为 $DEFG$。这时就有：

$$\begin{array}{r} AB4 \\ +\ \ 28C \\ \hline DEFG \end{array}$$

由于D是A加2进位得到的，D只能是1。”

独眼豹子紧接着说：“没错，$D=1$。”他说完就后悔了，又自言自语道，“你说我怎么就不能变成哑巴呢？”

大蛇狠狠瞪了独眼豹子一眼。

酷酷猴说：“再来分析A。由于A加2要进位，A的值一定要大。又由于8已经用了，A只可能取7和9。”

独眼豹子插话：“猴子，A到底取7还是取9？你得说准了呀！”

看来独眼豹子是个话痨，想不让他说话是万万不能的。

酷酷猴并不生独眼豹子的气，他回答说：“A不能取9。因为当十位不往上进位时，如果A取9，就有$9+2=11$，D和E重复取1，这是不成的；当十位往上进位时，如果A取9，就有$9+2+1=12$，$E=2$，但是2已经出现过了，又重复出现，也不成。”

独眼豹子立刻接话：“那A一定取7了。”

“对，$A=7$。”酷酷猴说，“剩下的就好求了。$E=0$，$B=6$，$F=5$，$C=9$，$G=3$。这时可以知道，一箱有764颗夜明珠，另一箱有289颗夜明珠，你总共有1053颗夜明珠。”

大蛇听说有这么多夜明珠，眼睛一亮：“哇！我有一千多颗夜明珠，我是大富翁喽！”说着，喜不自胜地跳起舞来。

大蛇这么一跳，正好给了独眼豹子机会，他趁机逃脱了。

待大家反应过来，独眼豹子早已不见了踪影。黄狗警官用鼻子闻了闻，肯定地说：“独眼豹子往东山跑了！”

听说东山，酷酷猴不禁“啊”了一声：“东山的山洞极多，地势复杂，不好抓呀！”

黄狗警官紧握双拳：“独眼豹子是杀人魔王，不好抓也要抓，一定要把他绳之以法！”

大蛇也来气了："走，我和你们一起去抓这个坏蛋！"

酷酷猴、大蛇和黄狗警官在追赶独眼豹子的途中，看见一只山羊在一个圆圈里乱转。

山羊瞧见有人过来，立刻求救："黄狗警官，我下山时刚好碰到独眼豹子，他抓住我说，后面有人追他，现在没工夫吃我，独眼豹子就在地上画了一个圆圈，又写了一圈 0 和 1。"

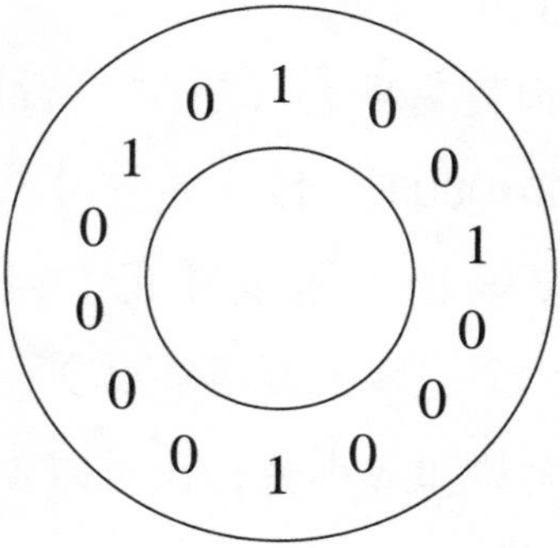

酷酷猴问："他让你在这个圆圈里乱转？"

"不是。"山羊摇摇头，"他对我说，我可以从任何一个数字开始，按顺时针或逆时针读一圈，依次读完全部数字。如果我能找出最大的数和最小的数，就可以跳出圈逃走。要是找不出来，就只能等他回来吃我！"

"真不讲理！"黄狗警官仔细看了一下地上的圈，"哎呀，这一圈有 14 个数，这最大的数是多少呀？"

0 活了

酷酷猴说："这里面有规律。你想找最大的数，就应该让数字 1 尽量往高位上靠。"

"噢！"黄狗警官明白了，"我看出来了！最大数应该是 10100100010000，十万零一千零一亿零一万。找最小数，就应该让 1 尽量往低位上靠。最小数是 00001000100101，十亿零十万零一百零一。"

"找到了最大数和最小数，我可以走了！"山羊喜出望外，跳出圈就要走。

"慢！"酷酷猴拦住山羊，"你应该帮助我们抓住这个杀人魔王。"

山羊同意了："那我怎么帮你？"

酷酷猴对山羊耳语："我让蛇盘成一个圆，在大圆圈边上充当一个 0，我和黄狗警官藏起来，然后你这样……"

"好，好！"山羊频频点头。

不一会儿，独眼豹子跑回来了，他问山羊："你没找到最大数和最小数吧？乖乖地让我吃了吧，我饿极了。”

山羊把眼睛一瞪：“谁说我没找到？最大的数是一百零一万零十亿零十万。”

听到这个数字，独眼豹子一愣：“不对呀！你说的这个最大数是15位，而我记得刚才写的是14个数啊！”

山羊哼了一声：“不信？你自己查一查呀！”

“嗯，我是要检查检查。”独眼豹子沿着圆圈，逐个检查这些数。

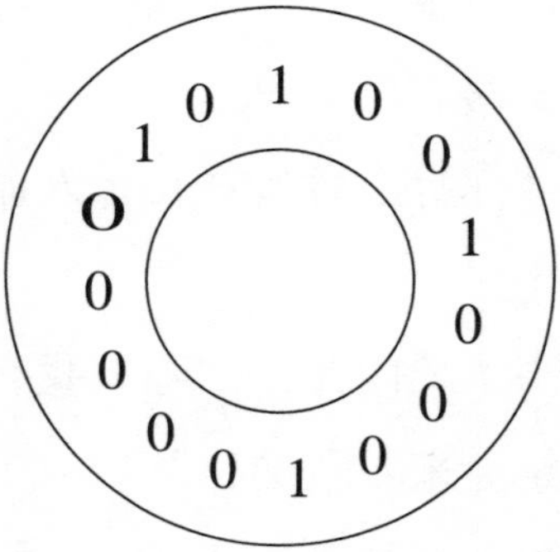

突然，独眼豹子发现了由蛇盘成的0：“嗯？这个0怎么这么大呀？”

山羊说：“你在外面看着大，要站在0里面看就不大了。”

“是吗？我站进去看看。”独眼豹子半信半疑地站进了由蛇盘成的0里。

独眼豹子刚刚站进去，大蛇立刻把独眼豹子缠住。

大蛇说：“我看你往哪儿跑！”

独眼豹子一看 0 变成了大蛇，知道自己上当了。他大叫：“呀，我落入圈套啦！”

这时，酷酷猴和黄狗警官走了出来。

黄狗警官指着独眼豹子说：“这下你可跑不了了！”

独眼豹子把嘴一撇，说：“猴子设圈套让我钻，我不服！”

“你服也好，不服也好，先戴上手铐吧！”黄狗警官给独眼豹子戴上手铐。

酷酷猴说：“你身上背着好几条人命，不服也要接受审判。”

独眼豹子提高了嗓门儿：“哼！我有一个人见人怕的铁哥们儿，他一定会来救我的！”

“先别吹嘘你那个铁哥们儿，你现在要去监狱。走！”黄狗警官把独跟豹子押送进了监狱。

酷酷猴冲独眼豹子摆摆手：“我们等着你的铁哥们儿来救你。”他回头对黄狗警官说，“你先去忙别的案子，我在这儿等他的铁哥们儿。”说完，酷酷猴加强了对监狱外面的巡视。

一连好几天没见什么动静，酷酷猴有些纳闷：“我在这儿守候好几天了，独眼豹子的铁哥们儿怎么还不来？”

这时，黄狗警官举着一封信急匆匆跑来：“酷酷猴，我在监狱后门的门缝里，发现了一封寄给独眼豹子的信。”

“快给我看看。”酷酷猴接过了信，“这一定是独眼豹子的铁哥们儿来的信。”

黄狗警官催促：“快打开看看。”

只见信的内容是：

亲爱的铁哥们儿——独眼豹哥：

听说你被酷酷猴抓住了，我将于 X 日 Y 时前去救你，如有可能，将狐狸大哥、大灰狼兄弟一起救出。请你提前和狐狸大哥、大灰狼兄弟联系好，做好准备。

你的铁哥们儿　鬣狗

黄狗警官摇摇头：“这 X 日 Y 时是哪日几时啊？”

酷酷猴翻过信纸，兴奋地说：“这信的背面还有图哇。”

鬣狗劫狱

只见信的背面写着：

下面的两个立方体，是同一块立方体木块从不同方向看的结果。这块木块的六个面上分别写着 2、4、8、8、X、Y 六个数字和字母。X 的数值在 X 的对面，Y 的数值在 Y 的对面。

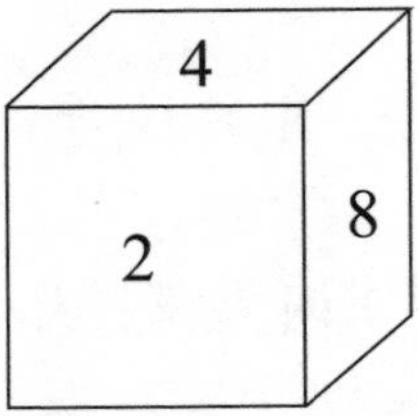

图①

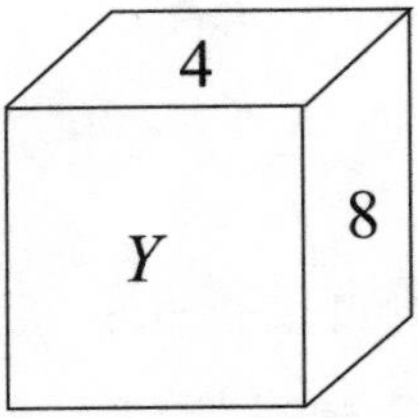

图②

酷酷猴说：“这 X 和 Y 的秘密就藏在这个木块中。”

黄狗警官皱起眉头：“要转着圈看这个木块，还不转晕喽？”

“你仔细看图①和图②有什么区别？”

黄狗警官仔细看了看："上面都是4，右面都是8。只是图①前面是2，图②前面是Y。"

黄狗警官认真地想了一会儿："上面、右面一样，可是前面不一样，这不对呀，前面应该一样才对！这是怎么回事呀？噢——我想起来了，这六个数中有两个8。右边是8，左面肯定也是8，这样，Y和2应该是对面，$Y=2$。"

"分析得对！"酷酷猴鼓励说，"接着分析。"

"六个面中，前、后、左、右、上都知道了，只有下面不知道，不用问，下面肯定是X，这样X和4是对面，$X=4$。鬣狗要在4日后半夜2点来劫监狱。"

"来得好！我要让这只小鬣狗有来无回！"酷酷猴握紧右拳，用力地挥了一下。

4日晚上，夜深人静，鬣狗偷偷往监狱里看，监狱的窗户上映出了独眼豹子的影子。

鬣狗刚想往里冲，忽然又停住了脚步："不成，酷酷猴太狡猾了，别上了他的当！我要仔细观察一下监狱的大门如何开。"说完，蹑手蹑脚走到监狱大门前。只见大门上有写着1、2、3、4标号的四个钥匙孔，下面挂着金、银、铜、铁四把钥匙。

鬣狗吃了一惊："这个监狱大门可真怪呀！有四个钥匙孔，而金、银、铜、铁四把钥匙就挂在下面。咦，下面还有字。”

用金、银、铜、铁四把钥匙，分别插入上面写着1、2、3、4标号的四个钥匙孔，可打开监狱大门。具体用法是：1号孔用银钥匙，2号孔用银或铁钥匙，3号孔用铜或铁钥匙，4号孔用金或铜或铁钥匙。不过这具体用法中，没有一个是对的。请开门吧！

鬣狗看完以后，只觉得一阵眩晕：“说得这么热闹，结果一个都不对，让我怎么去开这个门呀？”

独眼豹子在监狱里看到了鬣狗，急得直跳：“鬣狗好兄弟，快打开门让我出去！一会儿酷酷猴来了我就跑不了啦！”

鬣狗着急地说：“我也急得很，可是我不知道用哪把钥匙开几号孔啊！”

独眼豹子催促：“时间不等人，你就瞎碰吧！”

鬣狗也就顾不了许多了，随便拿起一把钥匙插进一个钥匙孔中。只听脚下翻板一翻，鬣狗咕咚一声掉进了陷阱。

独眼豹子听见响声，还以为是监狱门打开了呢，他高兴地说：“哈，门开了！”

鬣狗在陷阱中高声叫道："不是监狱门打开了，是我脚下的陷阱门开了，我掉下来了！"

黄狗警官马上给鬣狗戴上了手铐。

酷酷猴说："我要打开监狱门，把你也送进去！"

鬣狗认了栽："我倒要看看你是怎么用这四把钥匙开门的。"

"你还挺好学的。来，我来告诉你如何用这四把钥匙。"酷酷猴说，"首先你要弄明白，这上面写的四种用法都是错误的。"

鬣狗生气地说："倒霉就倒在这儿啦！"

知识点解析

立体图形

故事中的问题与立体图形正方体有关，需根据正方体的特征来判断 X 和 Y 是多少，也就是判断 X、Y 的对面是几。

如果直接思考哪个数字的对面是几，有一定的困难。可以反向思考：这个数字的对面不会是几。①观察图一、图二，上面、右面都是 4 和 8，可前面的数字分别是 2 和 Y，所以 Y 的对面不可能是 4、8，那么 Y 和 2 是对面，$Y=2$；②正方体有六个面，知道了前、后、左、右、上这五个面，只有下面不知道，那么X就是下面，X和4对应，X一定是4。

考考你

一个正方体六个面上分别写着数、学、探、长、酷、猴。根据下图摆放的三种情况，判断每个汉字对面是什么字。

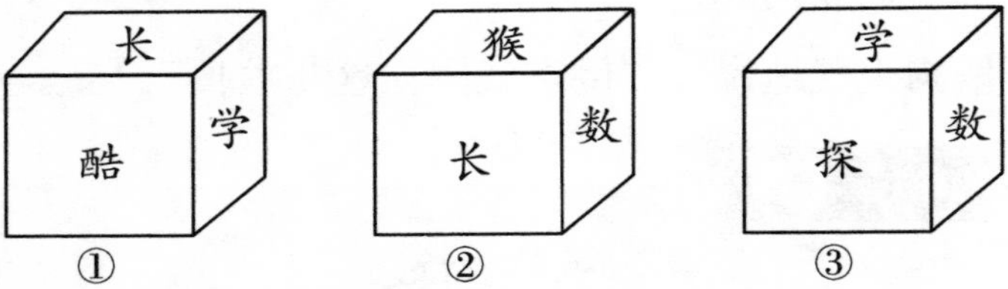

监狱暴动

酷酷猴分析:“这上面写着‘4 号孔用金或铜或铁钥匙’显然不对，4 号孔必然要用银钥匙来开。”

鬣狗点点头：“看来应该先从 4 号孔来分析。”

酷酷猴接着说：“上面写的‘3 号孔用铜或铁钥匙’是不对的，而银钥匙 4 号孔已经用了，所以 3 号孔必然用金钥匙。”

“我也会了！”鬣狗开始分析，“上面写的‘2 号孔用银或铁钥匙’肯定不对，而金钥匙被 3 号孔用了，所以 2 号孔只能用铜钥匙。剩下的 1 号孔就只能用铁钥匙啦！”

酷酷猴点点头说：“看来你鬣狗一点儿也不笨，就是不走正道。这样吧，你用这四把钥匙把监狱门打开吧！”

鬣狗高兴地拿过钥匙，将铁钥匙插进 1 号孔，铜钥匙插进 2 号孔，金钥匙插进 3 号孔，银钥匙插进 4 号孔，四把钥匙都插好以后，监狱门果然打开了。

只见监狱里狐狸、大灰狼和独眼豹子排成一排，异口同声地说：“欢迎鬣狗兄弟进监狱！”

鬣狗长叹了一声："咳！完了，哥儿四个都进来了！"

牢房里，狐狸、大灰狼、独眼豹子和鬣狗头碰头地聚在一起，小声商量着什么。黄狗警官屏着呼吸在窗外监听。

大灰狼说话嗓门儿挺大："咱哥们儿不能在这儿等死呀，应该想办法逃出去！"

"嘘——"狐狸压低了声音说，"说话小声点儿，隔墙有耳！"

他们再商量时就近乎耳语，黄狗警官听不清了。黄狗警官心想：他们策划越狱，我得赶紧找酷酷猴商量对策。

黄狗警官找到酷酷猴，着急地说："酷酷猴，那四个暴徒正在商量如何越狱呀！"

"是吗？"酷酷猴皱了一下眉头，"噢，我们必须知道他们的越狱计划。"

黄狗警官摇摇头："他们十分警觉，说话声音非常小，我没听清他们是如何商量的。"

"不要紧，我看好了一个山洞，稍加改动就可以做成一个牢房。"酷酷猴画了一个图。

酷酷猴指着图说："这个天然形成的山洞是椭圆形状的，椭圆有 F_1 和 F_2 两个焦点，从一个焦点 F_1 发出的光或声音，都会集中反射到另一个焦点 F_2 上去。"

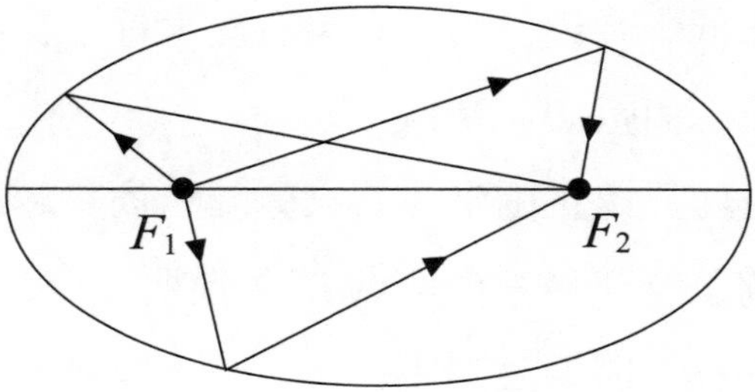

黄狗警官不明白："椭圆形的山洞有什么用处？"

酷酷猴解释："在焦点 F_1 处可以安放石桌、石凳，给他们一个密谋的场所。在另一个焦点 F_2 处就可以清楚地监听到他们的讲话。"

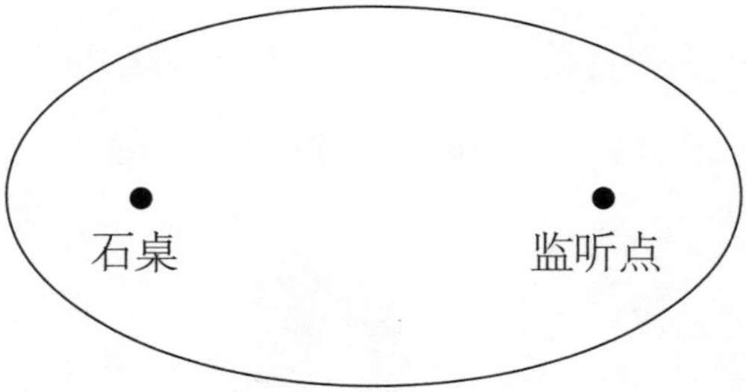

"好主意！我立刻去安排。"黄狗警官按酷酷猴所说，把山洞里的石桌、石凳安放妥当，然后来到牢房，对暴徒四兄弟说："你们这几天表现不错，我给你们换一个好地方待待。"说完，把他们押进了山洞。

走进山洞，独眼豹子环顾四周，点点头："这山洞不错啊，冬暖夏凉。"

狐狸压低声音说："这石桌石凳太好了！咱们可以围坐在石桌边，商量如何越狱。"

傍晚，四兄弟正围坐在石桌旁秘密商量越狱计划，酷酷猴和黄狗警官在另一个焦点 F_2 处监听。

狐狸说："明天是阴历初一，晚上没有月亮，咱们趁黑杀出去！"

大灰狼点头："全听大哥安排！"

黄狗警官听得清清楚楚。

这天晚上，四兄弟正准备冲出山洞，却见酷酷猴和黄狗警官早已带领熊警察在山洞口等候。

众警察平端着枪，大喊："不许动！举起手来！"

四名罪犯看到这个架势，都乖乖举起了双手。

谁出的主意

狐狸不明白："怪了，我们密谋的暴动时间你们是怎么知道的？难道有内奸？"

酷酷猴看他们互相起了疑心，出来解围："实际上是这个椭圆形的山洞帮了我们的忙。"

"山洞还能帮忙？"

酷酷猴给他们讲了椭圆形山洞的奥秘，四个坏蛋恍然大悟，个个捶胸顿足，大骂椭圆坏了他们的事。

酷酷猴开始审讯四个罪犯："你们四个最初是谁出主意要越狱的？"

鬣狗抢着说："是大灰狼和狐狸出的主意。"

独眼豹子指着狐狸说："是狐狸出的主意。"

大灰狼把狼眼向上一翻："反正我没出主意。"

狐狸面红耳赤："我才没出这个主意呢！"

黄狗警官小声问酷酷猴："没人承认，怎么办？"

酷酷猴厉声说："大灰狼！老实交代，你们四个人中有几个人说了实话？"

大灰狼不敢怠慢："我向上帝保证，有三个人说了实话，只有一人说了谎话。"

酷酷猴马上判断出："出主意的一定是狐狸！"

狐狸一听，立刻抵赖："冤枉啊！酷酷猴，说话要有证据，你凭什么说是我出的主意？"

"我会让你心服口服的。"酷酷猴说，"假设独眼豹子说的是谎话，就是说你狐狸没有出主意。"

狐狸高兴地点点头："哎，这就对了！"

酷酷猴向前跨了一步："可是鬣狗说你出了主意。由于你没出主意，说明鬣狗也说了谎话。这样一来，就变成有两个人说了谎话，与只有一人说谎相矛盾。"

狐狸把双手一摊："这矛盾又能说明什么呢？"

"说明我们假设独眼豹子说谎是错的，独眼豹子说的是真话。"酷酷猴又往前跨了一步，"狐狸，我问你，独眼豹子是怎么说的？"

狐狸摸了一下脑袋："独眼豹子说主意是我出的。啊，是独眼豹子出卖我的，我和他拼了！"

黄狗警官眼疾手快，一把揪住了狐狸，飞快地给他戴上了手铐："狐狸，老实点！你是策划越狱的主谋，你是罪魁祸首！"

"哇，完了！"狐狸身子一软，瘫倒在地上。

不久，法院召开了宣判大会："判处狐狸死刑，立即执行。大灰狼被判无期徒刑，独眼豹子和鬣狗被各判十年有期徒刑。现在把狐狸押赴刑场，执行枪决！"

狐狸长叹了一声："唉——我斗不过酷酷猴！"

知识点解析

逻辑推理

故事中，要找出主谋，主要用排除法，首先要从所给的条件中理清各部分之间的关系，然后进行分析推理，排除一些不可能的情况，逐步归纳，找到正确的答案。

考考你

小鸡被杀害，黄狗警官抓住了四名嫌疑人，经过调查，发现真凶一定藏在豹、狐狸、老虎、黄鼠狼当中，他们的口供如下：

豹：“我不是凶手。”

狐狸：“黄鼠狼是凶手。”

老虎：“狐狸是凶手。”

黄鼠狼：“狐狸和我有仇，诬陷我。”

四名嫌疑人中只有一个说的是真话。请问：谁是真凶？

计划抢劫

这天，酷酷猴正在散步，忽然看见山猫和大灰狼在一起偷偷议论着什么。他们俩看见酷酷猴走了过来，忙散开了。

酷酷猴好奇地上前一看，只见地上写着一首打油诗：

小兔分梨乐呵呵，
每人 7 个剩 9 个，
每人 9 个差 7 个，
小兔几只梨几个？

酷酷猴想：这是什么意思？我看山猫和大灰狼没安好心，必须到白兔家侦查清楚。酷酷猴来到白兔家，看见白兔一家正在忙活着。酷酷猴问候说：“你们家好热闹哇！”

大白兔笑着说：“今天晚上大灰兔一家要来做客。”

“噢？”酷酷猴立刻警惕起来，“大灰兔一家要来多少人哪？”

“这我可不知道。”大白兔说着拿出一封信，“大灰兔昨天托人带来一封信，说来多少客人让我自己算。”

酷酷猴接过信一看，大惊失色。原来信上写的正是他刚才看见的那首打油诗。

酷酷猴忙问：“这封信是谁送来的？”

“是小绵羊。”

酷酷猴立刻去找小绵羊：“小绵羊，你快告诉我，是谁让你把信送给大白兔的？”

小绵羊哆哆嗦嗦地说：“是大灰兔让我把信送给大白兔的。半路上我遇到了山猫，山猫把信拆开看了，还警告我，不许告诉任何人他看过了信。”

酷酷猴说：“这就对了！看来一桩抢劫案即将发生！”

小绵羊忙问：“抢劫？谁抢谁呀？”

“山猫和大灰狼要合伙抢劫大灰兔一家。”酷酷猴说，“首先是抢劫小灰兔。我先把小灰兔的只数算出来。”

酷酷猴拿着信琢磨：“每只小灰兔分 7 个梨，就多出 9 个梨来；如果每只小灰兔分 9 个梨，又少 7 个梨。这样一多一少，相差 $9+7=16$（个）梨。”

小绵羊问：“为什么会差 16 个梨呢？”

酷酷猴解释：“是每只小灰兔多分 2 个梨造成的。每只小灰兔多分 2 个，就差了 16 个，说明小灰兔一共有 $16\div2=8$（只）。”

蒙面抢劫

“我得立即通知大灰兔！”酷酷猴转身直奔大灰兔家。

大灰兔听说山猫和大灰狼要在半路上抢劫小灰兔，吓得没了主意。他说：“那我们就不去大白兔家了。”

酷酷猴摇摇头说：“不合适。大白兔在家张灯结彩欢迎你们去呢！”

大灰兔着急地说：“那可怎么办？”

酷酷猴凑在大灰兔耳朵边，小声说：“咱们这样……”

大灰兔点点头：“好主意！”大灰兔收拾了一下，拉上一辆带篷的车，朝大白兔家走去。车里不断传出小灰兔的打闹声。

躲在树后的山猫和大灰狼看见车子过来了，争先恐后地冲了上去。

“吃小灰兔啊！嗷——”

“每人分 4 只！喵——”

山猫打开车篷刚想钻进去，不料两支乌黑的枪从里面伸出来。“两个强盗不许动！”酷酷猴一手拿着一支枪，从车里走了出来。山猫和大灰狼乖乖就擒。

酷酷猴把两个罪犯送到警察局，刚回到家，小鹿慌慌张张地跑了进来："不好了！我家昨晚被蒙面人抢劫了！"

酷酷猴忙问："他们有几个人？"

"好像是两个人，一个在屋里抢东西，另一个在外面放风。"

酷酷猴跟着小鹿到了作案现场。小鹿指着两只空筐说："这两筐苹果被抢走了！"

酷酷猴拿出放大镜仔细察看。他从筐上摘下一根毛，说："看，这是强盗留下的。"

小鹿指着桌上的一瓶酒说："原来这里有四瓶草莓酒，他们抢走了三瓶。"

酷酷猴用放大镜认真观察酒瓶："这酒瓶上留有强盗的手印。好，我把这些罪证记下来，回去展开侦查。"

酷酷猴走在路上，看到狐狸搀着野猪晃晃悠悠地往前走，野猪边走边唱。

酷酷猴问："野猪，你怎么啦？"

野猪半睁着眼睛说："我……没怎么着，我没喝醉！没醉！"说着，冲酷酷猴喷了一口酒气。

几根筷子

“你没醉？”酷酷猴问，“我问你一个问题：黑色、红色、黄色的筷子各有 8 根，混杂地放在一起。黑暗中想从这些筷子中取出颜色不同的两双筷子，至少要取出多少根？”

野猪回答：“两瓶！”

“啊？两瓶？取两瓶筷子？”酷酷猴十分震惊。

狐狸捅了一下野猪："你瞎说什么呀？大侦探问你的是筷子！"

"噢，是筷子。"野猪忙改口，"两瓶不对，是两筐！"

"啊？两筐筷子？"酷酷猴连连摇头。

狐狸赶紧说："大侦探，你别听他胡说八道，还是由我来回答吧！要保证能取出颜色不同的两双筷子，至少要取出 11 根筷子。"

野猪在一旁打岔："为什么要 11 根，而不是 8 根？"

"我来算，你老实听着，别打岔！"狐狸狠狠瞪了野猪一眼，"如果取 8 根，按最倒霉的情况算，这 8 根都是同一种颜色，比方说全是黑色，这时肯定有了一双黑筷子。"

野猪打岔说："我才不倒霉呢！吃苹果、喝酒都不用筷子！"

狐狸又狠狠瞪了野猪一眼："我再取两根筷子，一种可能是这两根筷子是同一种颜色，比方说都是红色。这时我就取到了一双黑色、一双红色的筷子了。"

酷酷猴问："如果你取出的两根筷子是一根红的、一根黄的呢？"

"那我就再取一根。如果这根是红色的，就得到一双红色的筷子；如果这根是黄色的，就得到了一双黄色的筷子。总之，我取 11 根筷子，肯定可以得到两双颜色不同的筷子。”

酷酷猴对野猪说：“看来你喝的草莓酒比狐狸多！”

野猪把脖子一梗：“狐狸吃的苹果可比我多！”

“对！”酷酷猴点点头说，“你们俩从小鹿家抢走了三瓶草莓酒和两筐苹果，足吃足喝！”

野猪睁大了眼睛：“呀，你都知道了！”

酷酷猴厉声说道：“你们快把抢走的草莓酒和苹果交出来！”

野猪对狐狸说：“狐狸，你快去把酒和苹果藏起来！”

狐狸答应一声：“野猪，你拉住酷酷猴别撒手！”

“你敢顽抗？我先把你铐起来！”喝醉了的野猪哪里是酷酷猴的对手。酷酷猴掏出手铐，咔嚓一声就把野猪铐了起来。

野猪连忙求饶：“大侦探饶命！这都是狐狸叫我干的！”

知识点解析

抽屉原理

故事中，黑色、红色、黄色的筷子各有8根，混杂在一起，要求盲取出颜色不同的两双筷子，问至少要取出多少根。像这样的问题就是著名的抽屉原理问题（又叫鸽巢原理问题）。解决此类问题的关键在于要考虑最坏情况：摸出8根黑色的，1根红色的，1根黄色的，那么再随意摸出1根，无论是红色的筷子还是黄色的筷子，都会出现两双不同颜色的筷子，所以至少要取出11根。

此类题型，要保证达到要求，应尽量从可能出现的最坏情况开始考虑。

考考你

箱子里有三种形状相同、颜色不同的球。其中红球有6个，绿球有4个，黄球有8个。酷酷猴蒙眼去摸，为保证取出的球中有2个球颜色相同，则最少要取出多少个球？

豹狼之争

酷酷猴掏出手机：“小松鼠、小鹿请注意，狐狸正朝你们所在的方向逃去！”小松鼠回答：“我们已经准备好绊马索，一定能活捉狐狸！”

狐狸跑着跑着，一下子绊在绊马索上，扑通一声来了个嘴啃泥。没等狐狸站起来，小松鼠和小鹿就飞快地跑上去将狐狸捆住了。

狐狸见到酷酷猴，非常不服气：“你有什么证据证明我参与了抢劫？”酷酷猴拿出一根毛和一张纸：“这是在现场取得的物证。经化验，这根毛是你的，这手印也是你的！”在确凿的物证面前，狐狸低下了头。

酷酷猴把野猪和狐狸送进警察局，刚想回家休息一会儿，小松鼠又跑了过来：“大侦探，不好了，一群豹和一群狼打起来了！”“快去看看！”酷酷猴和小松鼠一起赶到现场，只见几只豹和几只狼正打得不可开交。

酷酷猴掏出手枪，朝空中放了一枪：“不要打啦！”双方看见酷酷猴来了，也就停手了。

酷酷猴问领头豹："你们为什么和狼打架？"

领头豹说："有4只小猪被狼抢着吃了！"

领头狼反驳说："他胡说！小猪是被他们豹子吃了！"

"你胡说！""你胡说！"说着，豹和狼又要打起来。

"不许打架！"酷酷猴又一次拉开了豹和狼，"是谁告诉你们有4只小猪的？"

豹拿出一封信："我这儿有情报！"

狼也拿出一封信："我也有情报！"

酷酷猴把两封信打开一看："啊，两封信的内容一模一样！"信的内容是：

上午8点，有几只小肥猪从大槐树下经过，快去抓！

酷酷猴问豹："你说有几只小肥猪？"

"4只呀！"

酷酷猴又问狼："你说有几只？"

"当然是4只！你看上面画的是4只小肥猪嘛！"

"哈哈！你们都被骗了！"酷酷猴说，"实际上是0只小肥猪！"

0 只小肥猪

豹大吃一惊："怎么会一只小肥猪也没有呢？"

狼说："这信上明明画着 4 只小肥猪嘛！"

酷酷猴解释说："这是一道数学题。如果用 x 代表肥猪的数量，这幅画可以变成一个熟悉的式子：$x \times x + x \div x = 1$，$x \times x + 1 = 1$，$x \times x = 0$，$x = 0$。"

豹大叫一声："0 只小肥猪，让我们去抓什么？"

狼吼道："如果抓住送情报的家伙，我要把他吃了！"

酷酷猴自言自语地说："这份情报会是谁写的呢？"

狼说："这家伙的数学一定特别棒！"

酷酷猴摇摇头："棒什么呀！他连题目都出错了。既然 $x = 0$，就不应该出现 $x \div x$，因为 $0 \div 0$ 是不允许的！"

豹逞强说："我知道，0 不能当分母！0 不能当除数！"

狼忽然想起来什么："哎，我觉得有一个家伙非常可疑，你们随我来！"

酷酷猴、豹跟随狼来到一块空地，看见黄鼠狼正和几只野狗在分肉饼。酷酷猴让豹和狼暂时先藏起来。

黄鼠狼托着一摞肉饼说："把这 7 个肉饼平均分成 10 份，每份分得同样大小的两块，谁会分？"

一只野狗问："咱们一共 9 个人，为什么要分成 10 份？"

"这个问题很简单。"黄鼠狼说，"谁会分就再多奖给谁一份肉饼，这样 9 个人就需要 10 份了嘛！"

另一只野狗催促说："快分吧！一会儿让豹和狼知道了，咱们一份也别想要！"

"哈哈。"黄鼠狼得意地说，"你放心，我让豹和狼打起来了，现在正打得不可开交，没工夫管我们。"

黄鼠狼见野狗们都不会，笑呵呵地说："你们不分，我就分了。先拿出 5 个肉饼，把每个肉饼都分成两块；再把剩下的两个肉饼，每个分成 5 块。这样就分成了 10 份，每份都是一大一小两块饼。"黄鼠狼把饼切好以后，就拿走了两份。

黄鼠狼刚要离开，只听有人叫道："别走！"黄鼠狼扭头一看，是酷酷猴。

"啊！"黄鼠狼吓得目瞪口呆。

我会算卦

酷酷猴问黄鼠狼：“你怎么知道狼和豹正在打架？”

“这个……”黄鼠狼眼珠一转，说，“噢，我会算卦。”

酷酷猴又说：“今天有人报案，说丢了几只小肥猪，你算算是谁偷走的。”

“我来算算。”黄鼠狼开始装神弄鬼，“天灵灵，地灵灵，谁把肥猪吃干净？大花豹、老灰狼抢吃肥猪不留情！我算出来了，是豹和狼。”

“嗯。”酷酷猴点点头说，“你再算算，总共丢失了几只小肥猪？”

黄鼠狼眼珠又一转：“算是可以算出来，只是不能直接告诉你得数。”说着就写出一个式子：

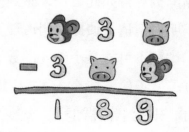

黄鼠狼说："只要你能算出式子中猪所代表的数字，就知道丢了几只小肥猪。"

酷酷猴冷笑了一声："雕虫小技！由于猪和鼠都代表一位数，可以肯定加在十位上的猪等于4，而个位数上的鼠等于5。"

黄鼠狼见酷酷猴算得如此之快，感到十分惊奇："猪为何得4？我不明白，请大侦探说明道理。"

酷酷猴说："鼠不可能是小于4的数，否则，百位上相减不可能得1。由于鼠不能小于4，所以个位上的猪必须向十位上借1。十位上被借走1，就变成了2，这时就有算式：12 - 猪 = 8，猪 = 4。”

黄鼠狼附和说:“大侦探算得对！是丢了4只小肥猪。”

“不对！”酷酷猴反驳道，“丢的小肥猪数目不是4，而是等于 $1\times2\times3\times4\times5\times6\times7\times8\times9$ 的乘积的最后一位数。”

黄鼠狼叫道：“哎呀！这9个数连乘，乘积该有多大呀？我可算不出来。”

酷酷猴瞥了他一眼：“我猜你的数学也不怎么样！要知道最后一位数，根本用不着真的去乘。”

黄鼠狼忙问：“不乘怎么会知道？”

酷酷猴说：“由于乘数中有一个2，还有一个5，而 $2\times5=10$，可以肯定最后一位数是0。实际上一只小肥猪也没丢。”

黄鼠狼“噢”了一声，转而关心地问：“豹和狼打得怎么样了？”

酷酷猴说：“唉，两败俱伤！”

知识点解析

数字谜

用字母或符号代替数字形成的算式，要求还原出原来的算式，这类题型是数字谜。数字谜的解题方法和填算式一样，在解决时应注意运用联想、试验、归纳的思想和方法，寻找解决问题的突破口，找出满足条件的所有答案。

考考你

观察下面的算式，算出：数 =____，学 =____，猴 =____。

$$\begin{array}{r} 数\quad 学 \\ \times\qquad\quad 猴 \\ \hline 2\quad 8\quad 7 \end{array}$$

送交法庭

黄鼠狼心里暗暗高兴，但仔细一想：酷酷猴会不会骗我呀？我要亲自去看看，豹和狼是不是都死了。

黄鼠狼看到躺在地上一动不动的狼和豹，想起新仇旧恨，便狠狠踢了他们一脚："看你们还横不横了？"

突然，豹蹿起来叫道："我没有死！"

狼也蹦了起来："我也活着呢！"

豹和狼一起揪住了黄鼠狼："两份情报是不是都是你

送的？”

黄鼠狼倒也不怕：“不错，情报是我写的，也是我送的。可是情报里明明白白写的有 0 只小肥猪，谁让你们不懂数学呢？”

酷酷猴走了过来，对黄鼠狼说：“你挑拨森林里的动物互相残杀，我要把你送交法庭，依法惩处！”说完，给黄鼠狼戴上了手铐。

黄鼠狼长叹了一口气：“唉——下一步弄死狗熊和老虎的计划，看来要延期执行了。”

法庭开庭审判黄鼠狼挑拨豹和狼打斗一案。

经过审判，熊法官最后宣布：“黄鼠狼犯了挑拨离间罪，判处黄鼠狼蹲鸡笼子三天，不给饭吃！”

酷酷猴疑惑地问：“熊法官，鸡笼子能关得住黄鼠狼吗？”

熊法官说：“大侦探，你放心！这是加密的鸡笼子，黄鼠狼纵有天大的本领，也别想逃出去！”

第二天一早，黄狗警官发现鸡笼子空了，赶忙来找酷酷猴：“大侦探，不好了！黄鼠狼逃走了！”

“啊？”酷酷猴大吃一惊，“黄鼠狼真有本领，一个小洞他也能钻出去！”

追捕黄鼠狼

酷酷猴看到笼子旁有一封信，信上写着：

大侦探：

我过了河将照直往前走若干千米等着你，千米数的两倍是个两位数。如果把这个两位数写在纸上，倒过来看，就变成千米数的自乘了。

欢迎来找我。

黄鼠狼

黄狗警官看完信，摸着后脑勺说：“这个问题可真难呀！我连看都看不懂。”

酷酷猴也摇了摇头：“是不容易，要好好琢磨一下。”

酷酷猴忽然想到了什么，问黄狗警官：“你说什么样的不是零的一位数倒过来看，还是数？”

“嗯——”黄狗警官想了一下，“应该是 1，6，8，9 这四个数。”

“对，咱们就研究这四个数。”酷酷猴边说边写，“1的两倍是2，6的两倍是12，而2和12倒过来看就不是数了。”

黄狗警官点点头：“对，肯定不是1千米和6千米。”

酷酷猴又算：“8的两倍是16，9的两倍是18，把16和18倒过来看分别是91和81，它们都是数。”

黄狗警官高兴地说：“有门儿！”

“下面检查一下，是不是这个数的自乘。”酷酷猴说，“$8\times8=64$，显然不成；$9\times9=81$，嘿，9正合适！”

酷酷猴一挥手：“追！”两人追到9千米处，根本不见黄鼠狼的影子。

黄狗警官说：“怎么不见黄鼠狼的影子？”

酷酷猴一指地面：“看看这是什么？”只见地上画有7个圆圈，每个圆圈里都写着一个英文字母。圆圈的下面还写着几行字：

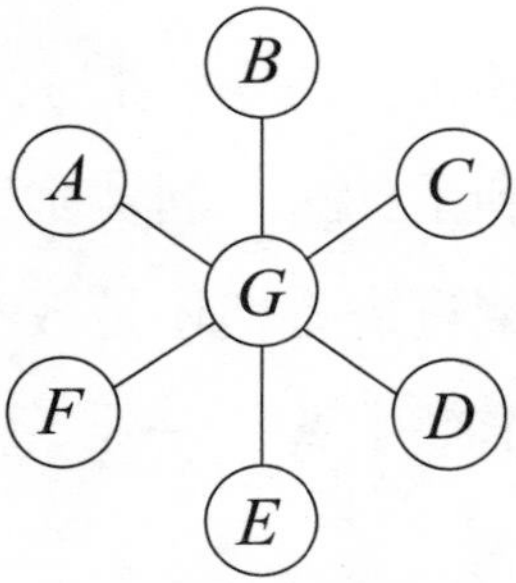

大侦探：

我将往右走 G 千米等着你。请将 1 ～ 7 分别填进 7 个圆圈中，使每条直线上的 3 个数之和相等，并且使 $A+C+E=B+D+F$。

黄鼠狼

黄狗警官生气地说：“这个可恶的黄鼠狼，总是出题考咱们！咱们快抓住他，给他加刑三天！”

谁杀死了小白兔

“做难题一定要注意观察。”酷酷猴说，“你看，1到7这7个数中，两两之和相等的会是哪些呢？”

黄狗警官说：“我看出来了，是1+7=2+6=3+5=8。”

“很好！”酷酷猴说，“还剩下一个4，就把4放在中间的圆圈里，试试看。”说着填出一个图。

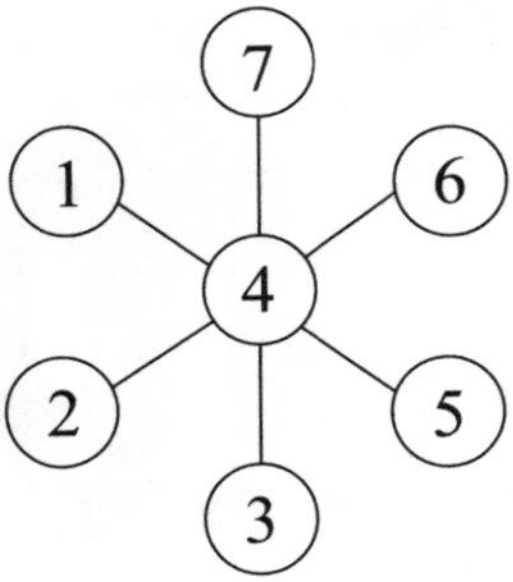

黄狗警官仔细看了看图，摇摇头说：“不对，不对。3+4+7=14，而1+4+5=10，这两条直线上的数字之和不相等呀？”

“我再改一下。”酷酷猴重新填了一次，“这么一填，就有 1 + 4 + 7 = 2 + 4 + 6 = 3 + 4 + 5 = 12，好，填对了！咱们向右走 4 千米。”

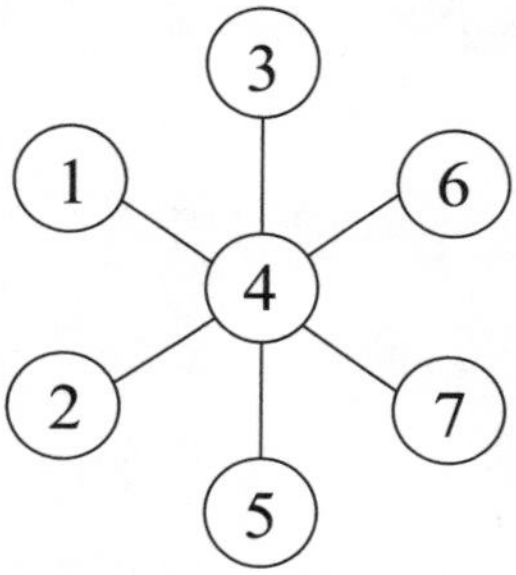

两人走到 4 千米处，果然看见黄鼠狼坐在那里等着他们。黄鼠狼说：“既然你们算出来了，我就跟你们回去。”

黄狗警官给黄鼠狼戴上手铐，押着他返回监狱。

半路上，他们遇到了小松鼠。小松鼠紧张地对酷酷猴说：“你听说了吗？小白兔被人杀了！”

“啊？”酷酷猴一惊。

法庭上，熊法官正在审讯老虎和狐狸。

熊法官问：“小白兔是不是你们杀死的？”

老虎摇摇头说：“不是我杀死的。”

狐狸晃悠着脑袋说：“法官大人，如果是我杀死的，我一定把小白兔吃了！谁不知道我狐狸最爱吃兔子？可是小白兔身上连一块肉都没少！”

没办法，熊法官传话：“请酷酷猴大侦探速来侦破此案！”话音刚落，酷酷猴已经走了进来。

熊法官对酷酷猴说：“小白兔被杀，可是尸体完整无缺。”

酷酷猴说：“我先去现场看看。”

酷酷猴由黄狗警官陪同，来到了小白兔家。他们进屋一看，小白兔倒在地上，屋里的东西摆放得十分整齐。

酷酷猴在屋里转了一圈：“现场没有搏斗的痕迹。”

黄狗警官认真察看了小白兔的尸体：“身上也没有伤痕。”

酷酷猴说：“仔细察看地上的脚印！”

黄狗警官仔细地检查了一遍:“地上都是兔子的脚印。”

“噢，再辨别一下屋里的气味！”

黄狗警官将各处闻了一遍：“有问题！这屋里有另外两只兔子的气味。”

酷酷猴打开柜子，发现里面有许多酒瓶子，还有一张纸条。酷酷猴兴奋地说：“快来看这个！”

小花兔也死了

黄狗警官拿过纸条一看，只见上面写着：

这 24 个酒瓶中，11 瓶是整瓶的酒，5 瓶是半瓶酒，8 瓶是空瓶。不倒出瓶中的酒，把这些酒瓶分给 3 只兔子，使得每只兔子都得到同样多的酒瓶和同样多的酒。

黄狗警官认为这是兔子们在做数学游戏。但他不会分，忙请教酷酷猴。“可以先算出总共有多少瓶酒：$11 + 0.5 \times 5 = 13.5$（瓶）。”酷酷猴说，“13.5 瓶酒被 3 只兔子分，每只兔子分 $13.5 \div 3 = 4.5$（瓶）。”

黄狗警官摇摇头说：“我还是不会分。”

酷酷猴说：“有两只兔子各分 4 瓶整瓶的酒，1 瓶半瓶的酒，另加 3 个空酒瓶子。第三只兔子分 3 瓶整瓶酒，3 瓶半瓶酒和 2 个空酒瓶子。这样一来，每只兔子都分得了 4.5 瓶酒和 8 个酒瓶子。”

黄狗警官检查了柜子里的酒：“大侦探，柜子里还剩

3 瓶整瓶酒和一瓶半瓶酒。”“这么说，小白兔喝了整整一瓶酒！”酷酷猴肯定地说，“小白兔是死于酒精中毒。”

这时，大象匆匆赶来：“不好了！小花兔也死了！”

酷酷猴和黄狗警官又急忙赶到小花兔家，看到的是：屋里整齐，小花兔身上无伤，死状和小白兔一样。酷酷猴立刻命令黄狗警官检查一下小花兔家的酒瓶子。

黄狗警官立刻报告：“有 8 个酒瓶子，其中 2 瓶整的，3 瓶半瓶，3 个空瓶。”

“小花兔也喝了整整一瓶，他也是酒精中毒而死！”

酷酷猴又命令：“必须找到第三只分到酒的兔子！”

黄狗警官答应一声，立刻跑了出去。没过多久，他调查完毕返回：“查到了，小黑兔家有 8 个酒瓶子。”

酷酷猴忙问：“小黑兔死了吗？”

“没有，他正在家里吃饭。”

“走，找小黑兔去！”

到小黑兔家，酷酷猴查看了酒瓶子，发现有 3 瓶整瓶酒和 5 个空瓶：“小黑兔，你好酒量啊！”

小黑兔笑了笑：“我酒量一般，喝了一瓶半。这酒真不错，酒味醇正。”酷酷猴逼问：“你为什么没有酒精中毒？”

突然，小鼹鼠醉醺醺地从地下钻了出来：“小黑兔没有中毒，可我中毒了！”说完，扑通一声倒在了地上。

一个大怪物

酷酷猴赶紧扶起小鼹鼠："你说说这是怎么回事？"

小鼹鼠说："我来找小黑兔玩，刚从他们家地下钻出来，就看见小黑兔在喝酒。也不知为什么，他边喝边往外洒。我一看，这酒洒了多可惜呀！我就跑到下面去接着，结果我喝了不少酒。"

酷酷猴问小黑兔："你为什么让小白兔和小花兔喝酒，而你偏偏不喝？"

"这个……"小黑兔吞吞吐吐地说，"因为我知道酒喝多了，会酒精中毒。"

"你既然知道酒喝多了会酒精中毒，为什么不告诉他们？"酷酷猴继续追问。

"别人都说小白兔白，小花兔花，长得好看，却说我黑不溜秋的，真难看！出于嫉妒，我就没有告诉他们俩，我有罪！"小黑兔痛苦地低下了头。

酷酷猴说："你在家待着不许出去，听候法庭传讯！"

小黑兔连忙点头："是，是。"

侦破了兔子被害案，酷酷猴正往法庭走，忽然看见大灰狼狂奔而来，边跑边喊："大怪物！大怪物！"

酷酷猴赶紧拦住大灰狼："什么大怪物？"

"吓死人啦！牛头、狐狸尾，还长有四条小细腿。"大灰狼边说边往后看，说完撒腿就跑。

过了一会儿，山羊、小鹿和兔子也都来报告发现了大怪物。

晚上，酷酷猴藏在大树上，等着大怪物出现。大怪物摇头摆尾地过来了，走到大树下停了下来。

大怪物的头说："走半天了，在这儿歇会儿。"

大怪物的尾说："好的。"

酷酷猴感到奇怪：这个大怪物的头和尾怎么都会说话？

大怪物的头又说："第一次咱俩捉了 6 只鸡，每只都是 4 斤，放到你家了。"

大怪物的尾说："第二次捉了 5 只鸡，每只都是 8 斤，可都放你家了。"

酷酷猴自言自语："这个大怪物还专门捉鸡。"

大怪物的头情绪有点激动："放在你家的鸡多，你应该给我几只！"

大怪物的尾也不甘示弱："给你几只？门儿都没有！咱俩分的鸡要斤数相等。我先算出总重量：$4\times6+8\times5=64$（斤），咱俩各一半是 $64\div2=32$（斤）。"

大怪物的头说："放在我家的鸡才 $4\times6=24$（斤），还差 8 斤，你应该给我一只 8 斤的鸡才对！"

大怪物的尾说："那你跟我回家去取。"说完，大怪物就尾在前、头在后地走了。

酷酷猴惊奇地说："这个大怪物还会倒着走？"

大怪物现形

酷酷猴见大怪物倒着走了，赶紧跟了上去。大怪物没走几步，忽然停了下来。

大怪物的尾说："不能去我家。这几天酷酷猴大侦探正在抓大怪物呢！我一回家就暴露了。"

大怪物的头急了："你是不是不想给我鸡？那不成！"

大怪物的尾也不示弱："我就是不去，你能把我怎样？"

大怪物的头大吼一声："让你尝尝我的厉害！"说着一下子把披在外面的伪装扯了下来。

酷酷猴定睛一看，原来大怪物不是别人，是狐狸和黄鼠狼伪装的，狐狸伪装大怪物的头，黄鼠狼伪装大怪物的尾。狐狸和黄鼠狼扯下了伪装，打成一团。

小松鼠站在树下叫道："快来看哪！大怪物发疯了！"小松鼠这一喊，惊动了狐狸和黄鼠狼。狐狸说："别打了！有人发现咱们了！"

黄鼠狼也害怕了："快跑吧！别让人发现咱俩的秘密！"黄鼠狼刚要跑，狐狸拉住了他："别跑，你欠我的鸡还没给我呢！你跑了，我到哪儿找你去？”

黄鼠狼着急地问：“你说怎么办？”狐狸说：“我出一道题，如果你答对了，那只鸡我就不要了！”黄鼠狼倒也痛快：“如果我答不出来，我给你两只鸡！”

“好，一言为定！”狐狸说，“我原本想偷 100 只鸡，把他们分别藏在 6 个地方。要求每个地方藏的鸡的数目都要有数字 6，你会分吗？”

黄鼠狼的数学可不差，他眼珠一转：“我会分：60 + 16 + 6 + 6 + 6 + 6 = 100（只）。怎么样？我那只鸡不用给你了吧？”

小松鼠看到酷酷猴，忙对他说：“大侦探，你在这儿，正好！大怪物原来是狐狸和黄鼠狼装的！”酷酷猴小声对小松鼠说：“你这样……”小松鼠点点头。

小松鼠先跳到左边的一棵松树上，大声叫道：“不好啦！狐狸家着火啦！”狐狸一听就着急了：“我赶紧回家看看去，家里还有 6 只鸡呢！”

黄鼠狼刚想幸灾乐祸，忽然听到小松鼠在右边的大树上喊：“不好啦！黄鼠狼家被水淹了！”“啊？”黄鼠狼大惊失色，“我家还有 5 只大肥鸡呢！”说完撒腿就往家跑。

没想到，狐狸家有熊警察，黄鼠狼家有黄狗警官。一对大坏蛋，一个也没跑掉。

大蛇偷蛋

酷酷猴抱着一堆野果回家，路过鸡窝时，听到鸡窝里传出阵阵哭声："呜呜……"酷酷猴放下野果，钻进窝里想看个究竟。

酷酷猴见老母鸡在哭，忙问："老母鸡，你怎么了？"

老母鸡擦了擦眼泪，说："这几天鸡蛋总是莫名其妙地没了，我怎么孵小鸡呀？"

酷酷猴又问："你知道是谁偷的吗？"

"不知道啊！"老母鸡说，"他好像每天都准时来偷蛋。"

酷酷猴想了想，说："这样吧，我们躲在暗处，看看究竟是谁偷了你的鸡蛋。"

老母鸡点点头说："好！"便和酷酷猴走出鸡窝，藏到一棵大树的后面。他们等了很久，忽然听到草丛里传来窸窸窣窣的声音。

"嘘——"酷酷猴示意老母鸡不要说话，低声说，"来

了两条蛇！”老母鸡顺着酷酷猴所指的方向，看见一大一小两条蛇正向鸡窝爬来。

走在后面的小蛇问：“走了这么长的路，怎么还没到呢？”

“嘘——”大蛇低声说，“前面就是鸡窝了。”

小蛇又问：“这儿离我们家有多远？”

大蛇回答：“不算远。最近我每天都准时到这儿来偷鸡蛋，然后准时回家。”

小蛇喜欢刨根问底：“具体有多少米啊？”

大蛇耐心地说：“昨天我从家里到这儿，速度是每分钟 7 米，比标准时间迟了 1 分钟；偷吃完鸡蛋，我就有力气了，我以每分钟 9 米的速度回家，结果早到了 5 分钟。你算一算，从家到这儿有多远？”

小蛇不高兴地说：“昨天我又没吃鸡蛋，我不会算！”

“哈哈，我吃了鸡蛋，我会算！”大蛇边说边写，“设这个标准时间为 x 分钟，由于我从家里到这儿迟了 1 分钟，所以从家里到这儿的距离是 $7\times(x+1)$ 米；从这儿到家里，我早到了 5 分钟，即这儿到家里的距离是 $9\times(x-5)$ 米。由于这两段距离相等，可以列出方程式：$7(x+1)=9(x-5)$，$7x+7=9x-45$，$2x=52$，$x=26$。标准时间为 26 分钟。”

“往下我也会算了。”小蛇抢着说，“从家里到这儿的距离是 $7\times(26+1)=7\times27=189$（米）。看，我没吃鸡蛋，也会算啦！”

大蛇笑着说：“今天偷的鸡蛋，你多吃几个。你在这儿等我，我先进去看看！”

大蛇钻进鸡窝不久，很快就出来了。他惊奇地说：“里面怎么一个鸡蛋也没有？”

知识点解析

行程问题

故事中，大蛇去某地的速度是 7 米 / 分钟，回家的速度是 9 米 / 分钟，去的时间比标准时间迟 1 分钟，回来的时间比标准时间早 5 分钟，要求两地的距离。解答行程问题，首先要确定运动的方向，然后根据速度、时间和路程的关系进行计算。列方程解此类应用题比较容易，首先要选设未知数，然后根据题中的等量关系列出方程式，方程列出后求解就容易了。

考考你

酷酷猴划着小船去接人，从 A 岸到 B 岸顺流行驶，用了 3 小时；从 B 岸返回 A 岸逆流行驶，用了 4 小时。已知水流的速度是 4 千米 / 小时，求船在静水中的速度。

橡皮鸡蛋

小蛇噘着嘴说："一定是母鸡今天偷懒，没有下蛋！"

大蛇安慰小蛇说："母鸡明天一定会下蛋。我们明天再来吃吧！"

两条蛇走后，老母鸡对酷酷猴说："怎么办？我躲得过今天，躲不过明天，明天他们还会来的！"

酷酷猴说："不要着急，我有个好办法！"他用橡皮做了一个假鸡蛋，放进鸡窝。这个假鸡蛋通过一根细管连接到鸡窝外面的打气筒。

酷酷猴高兴地说："明天让他们尝尝我的橡皮鸡蛋，保证味道好极了！"

老母鸡夸奖说："真是个好主意！"

第二天，两条蛇又准时来了。他们钻进鸡窝后，大蛇首先发现了橡皮鸡蛋，高兴地说："好大的鸡蛋哪！哈哈！"他张嘴把假鸡蛋吞进了肚子。

小蛇忙问："还有没有大鸡蛋呀？"

酷酷猴躲在暗处，看大蛇把橡皮鸡蛋吞进肚里后，就立刻用打气筒往橡皮鸡蛋里打气，哧——哧——大蛇的肚子鼓起了一个大包。

小蛇吃惊地问大蛇：“你的肚子怎么鼓起一个大包？”

大蛇得意地说：“我吞下了一个大鸡蛋，肚子当然会鼓起一个大包！没事的。”

大蛇的肚子越鼓越大，小蛇说：“不对呀！你的肚子怎么变得这么大？是不是鸡蛋在你肚子里孵出小鸡了？”

“疼死我啦！”大蛇疼得在地上打滚。

酷酷猴走进鸡窝，对大蛇说：“你今后还敢不敢偷吃鸡蛋？”

大蛇哀求说：“不敢了，快饶了我吧！”

酷酷猴问：“你每天偷吃几个蛋？”

大蛇回答：“我连着四天偷蛋，从第一天起，每天都比前一天多偷吃 1 个，四天吃的鸡蛋数的乘积等于 3024，我每天吃多少个，你自己算吧！”

“大蛇，你肚子都疼成这样了，还出题考我？”酷酷猴说，“我最不怕别人考，我来算一算。”

酷酷猴说：“你这四天偷吃鸡蛋数的乘积等于 3024，我就先把 3024 分解：$3024=2\times2\times2\times2\times3\times3\times3\times7=(2\times3)\times7\times(2\times2\times2)\times(3\times3)=6\times7\times8\times9$。你看，这不是分解成 4 个相邻的自然数之积了吗？”

老母鸡伤心地说："我明白了，大蛇这四天偷吃我的鸡蛋数为 6 个、7 个、8 个、9 个。我就算多下蛋，还是不够他吃！酷酷猴，你用力打气吧！"

"好！"酷酷猴又往大蛇肚子里打气。

大蛇疼得实在受不了，他用力一甩头，把连接橡皮鸡蛋的皮管拉断了。哧——一股气流从大蛇口中喷出，只见大蛇腾空而起，又往后飞了好远，然后嘭的一声重重撞在树上，昏迷了。

"大蛇，大蛇！"小蛇跑到大蛇掉落的地方，叫了半天，大蛇才缓缓地苏醒过来。

大蛇狠狠地说："酷酷猴，你等着，我和你的恩怨还没了结！"说完，和小蛇一起逃走了。

知识点解析

分解质因数

故事中，大蛇连着四天偷吃的鸡蛋总数是四个连续自然数的乘积3024，要求大蛇这四天每天偷吃的鸡蛋数。这类问题要用分解质因数的方法解决：首先用短除法将乘积分解成若干个质数相乘的形式，$3024=2\times2\times2\times2\times3\times3\times3\times7$；然后把这些质数相乘的形式改成四个连续自然数相乘的形式，$3024=(2\times3)\times7\times(2\times2\times2)\times(3\times3)=6\times7\times8\times9$，答案便显而易见了。

考考你

酷酷猴连着两天买香蕉，第二天买的香蕉比第一天买的香蕉多1根，两天买的香蕉数的乘积等于1190。酷酷猴第一天和第二天分别买了多少根香蕉？

智斗双蛇

酷酷猴劳累了一天，想晚上在树上好好休息一下。当他拉住树枝往上爬时，忽然听到树上有人对他说："刚回来？我已经等你半天了。"

酷酷猴抬头一看，啊，大蛇正盘在树上等着他呢！

酷酷猴立刻从树上跳下来，他刚刚站稳，又听到背后有人说："下来做什么？"酷酷猴回头一看，小蛇正在地上等着他呢！酷酷猴被两面夹击，处境十分危险。

酷酷猴厉声问道："你们想怎么样？"

大蛇冷笑了一声，拿出橡皮鸡蛋对酷酷猴说："我尝过了这个橡皮鸡蛋的滋味，今天特地让你也尝一尝！"

酷酷猴眼珠一转，笑着说："要让这个橡皮鸡蛋胀起来，必须有打气筒。没有打气筒，就算我把橡皮鸡蛋吃进肚子里，我的肚子也不会胀起来。"

大蛇想了想，是这么个道理，于是说："你把打气筒藏到哪儿去了？快给我拿出来！"

酷酷猴往东一指："不远，往东走一会儿就到了。跟我走吧！”

小蛇拦住了酷酷猴的去路：“慢着！我们没有你走得快，你必须告诉我向东走多远。”

“好，我告诉你。”酷酷猴说，“有 1，2，3 三个数字，你从中挑出任意数字，一个行，两个也行，三个也可以，这样可以得到不同的一位数、两位数、三位数。把其中的质数挑出来，按从小到大的顺序排好，所走的米数恰好等于第六个质数。”

小蛇瞪大了眼睛：“问题这么长，这么难，你有心为难我！我不会做！”

大蛇从树上爬下来，对小蛇嚷道：“你不会，还问这么多问题？我平时是怎么教你的？你先看看一位数中哪些是质数，把它们先挑出来！”

小蛇见大蛇发火了，便低下头，喃喃地说：“一位数中 1，2，3 都是质数。”

“胡说！”大蛇更加生气了，“1 不是质数，只有 2 和 3 才是质数。”

小蛇接着算：“用 1，2，3 组成的两位数有 12，13，21，23，31，32，一共六个。”

大蛇点点头说：“对，其中只有 13，23 和 31 是质数，这就有五个质数了。你再排排三位数。”

小蛇说："三位数有 123，132，213，231，312，321，也是六个。这六个数当中，谁是质数啊？"

大蛇想了想，说："由于 1 + 2 + 3 = 6，这六个三位数都可以被 3 整除，因此这六个三位数都是合成数（一个大于 1 的自然数，能被 1 与它本身整除外，还可以被其他自然数整除，例如 4，6，8，9 等）！"

小蛇把头抬得高高的，说："算了半天，这些数中根本就没有第六个质数！"小蛇一回头，发现酷酷猴早已不见了。

小蛇大叫一声："酷酷猴跑了！"

大蛇怒道："要不是你算得这么慢，我们早让他吃上苦头了！你快给我回去好好学习数学！"

虎大王主持公道

这天早上，黑熊、狐狸、狼和蛇约好到虎大王处告状。

威武的虎大王坐在宝座上问：“你们告谁呀？一个一个地说。”

没想到动物们齐声说道：“我们都是来告酷酷猴的！”

“什么？你们这些猛兽来告一只猴子？哈哈……”虎大王笑得前仰后合。

狼往前走一步，说：“大王有所不知，酷酷猴聪明过人，我们谁也斗不过他！”

蛇抹了一把眼泪：“酷酷猴骗我吃下橡皮鸡蛋，他还往鸡蛋里打气，差点把我胀死了！大王一定要替我主持公道呀！”

“有这回事？”虎大王从座位上站了起来，他命令，“黑熊与狼，你们传令给酷酷猴，叫他马上来见我！”

“遵命！”黑熊与狼转身走了出去。

这时，酷酷猴正在树上吃早餐，小松鼠慌慌张张地跑

来报告：“不好了！酷酷猴，虎大王要找你算账！”

酷酷猴疑惑地问：“虎大王找我算什么账？”

小松鼠说：“黑熊、狐狸、狼和蛇集体告你呀！”

酷酷猴点点头说：“我知道了，谢谢你！”说完拿出一张纸条，在上面写了些字。他把纸条贴在树上，然后就走了。

黑熊与狼来到树下大喊：“酷酷猴——虎大王找你！快下来！”他们叫了半天，树上也没人答应。

黑熊说：“酷酷猴没在。”

狼指着树上的纸条说：“你看，这一定是酷酷猴留下的纸条。”狼把纸条拿下来，只见上面写着：

我在从这棵树开始，往正东数的第 m 棵树上休息，去那儿可以找到我。

$$m=[\bigcirc\div\bigcirc\times(\bigcirc+\bigcirc)]-(\bigcirc\times\bigcirc+\bigcirc-\bigcirc)$$

从 1 到 9 中选出不重复的八个数，分别填进上面的圆圈中，使得 m 的数值尽可能大。

黑熊看着纸条发呆：“狼大哥，你会算吗？”

狼瞪了黑熊一眼：“我要是会算，不就成酷酷猴了吗？”

“怎么办？”黑熊问。

“怎么办？拿去给虎大王交差，让虎大王自己算吧！”于是，狼和黑熊回去见虎大王。

狼说：“报告虎大王，酷酷猴正在第 m 棵树上睡觉，我们没有找到他啊！”

“第 m 棵树？”虎大王糊涂了。

狼把纸条递给虎大王。虎大王看完问：“谁会算这个 m？”

大蛇扭动了一下身子，说：“我们当中，只有狐狸二哥头脑精明，除了狐狸二哥，谁还会算？”

虎大王对狐狸说：“你算出 m 来，我赏你一大块肉。”

狐狸皱着眉说：“这个问题很复杂，让我好好想一想吧！”

一泡猴尿

虎大王问狐狸："这个问题是不是太难了？"

狐狸笑着摇摇头，说："嘿嘿，题目不怕难，有肉能解馋！"

虎大王听了，笑着说："我赏你的一块肉，足够你解馋的！"

狐狸再看纸条上的算式：

$$m=[\bigcirc\div\bigcirc\times(\bigcirc+\bigcirc)]-(\bigcirc\times\bigcirc+\bigcirc-\bigcirc)$$

他说："要让 m 尽可能大，首先要让中括号里的数尽量大，同时要让减号后面的小括号里的数尽量小。"

"对！"虎大王说，"只有被减数越大，减数越小，差才能越大。"

大蛇走到狐狸身边，夸奖说："还是二哥聪明！"

狐狸来了精神，他清了清嗓子，说："要使中括号里的数大，中括号里最左边的圆圈一定要填最大的数 9，第二个圆圈要填最小的数 1。”

狼插话说：“中括号里第三个圆圈和第四个圆圈也要尽量填大数，一个填 7，一个填 8。”

狐狸接着算：“小括号里前三个圆圈尽量填小数，最后一个圆圈填大数。这样才能保证小括号里的数尽量小。”说着就把 m 算出来了：

$$m=[9\div1\times(7+8)]-(2\times3+4-6)=131$$

狐狸十分神气地说：“酷酷猴正在往正东数的第 131 棵树上睡觉哇！”

虎大王下令：“为了以防万一，这次你们四个一起去找酷酷猴吧！”

“是！”四个家伙答应一声，退了出来。

黑熊找到上次那棵树，从那里开始往正东数：“1，2，3……131。到了！”

狼正要抬头大喊酷酷猴，狐狸拦阻说：“慢着！酷酷猴诡计多端，你一叫他，他又跑了！”

狼问：“那怎么办？”

狐狸对大蛇说：“你先偷偷地爬上去，把酷酷猴缠住，别让他逃跑。”

“好吧！”大蛇答应一声，忙往上爬。

这时，树上的酷酷猴说话了：“睡醒了，撒泡尿！”说着，猴尿从天而降，正好撒在狐狸、狼和黑熊的头上。

狐狸捂着头叫道：“哎呀！撒了我一头猴尿，真脏！”

这时，大蛇缠住了酷酷猴的一条腿：“看你往哪儿跑！”

酷酷猴用力一甩腿,大蛇飞了出去,摔在一块大石头上。

黑熊跑过去一看，惊叫道：“大蛇摔死了！”

狐狸在树下大喊：“酷酷猴不得无礼！虎大王派我们来叫你去一趟！”

90件坏事

酷酷猴问狐狸：“既然是虎大王找我，可有书面通知？”

“这……”狐狸眼珠一转，“有，有。我出来时忘带了。”

狼和黑熊也一起帮腔：“对，我们忘带了。”

“忘带了？”酷酷猴晃着脑袋说，“既然没有书面通知，我就不去！”

狐狸按捺不住性子，恶狠狠地说：“酷酷猴，你等着，我叫虎大王亲自来找你算账！”狐狸让狼和黑熊在树下守着，自己则跑回虎大王那里告状。

狐狸见到虎大王，哭丧着脸说：“酷酷猴听说您找他，他不但不来，反而摔死了大蛇，还向我们撒尿！”

“反了！”虎大王从座位上跳了起来，吼道，“我亲自去把酷酷猴抓回来！”说完就带着狐狸飞奔到大树下。

虎大王冲树上喊道：“酷酷猴听着，我虎大王来抓你了！你快点下来！”

狼在一旁帮腔说：“快点下来！”

只听呼的一声，一块西瓜皮从树上飞下，正好砸在狼的头上。狼“哎哟”一声，捂着头说：“砸死我了！”

酷酷猴在树上笑着说：“嘻嘻，我吃西瓜，请你吃西瓜皮！”他停了停，问：“虎大王找我有什么事吗？”

虎大王质问：“你为什么欺负狐狸、狼、黑熊和大蛇？”

“笑话！”酷酷猴回答说，“他们四个是猛兽，平时专门欺负小动物，做尽坏事！我能欺负他们吗？”

虎大王问：“你说他们做尽了坏事，可有证据？”

“当然有，我做过调查！”酷酷猴拿出一个本子，说，“我逐户调查，发现他们四个的罪恶罄竹难书！”

虎大王又问：“他们做了多少件坏事？”

酷酷猴翻开本子念道：“这些坏事，有 $\frac{1}{6}$ 是大蛇做的，有 $\frac{1}{5}$ 是黑熊做的，有 $\frac{1}{3}$ 是狼做的，最后还剩下 27 件坏事是狐狸做的。”

虎大王对狐狸说：“你给我算算，你们共做了多少件坏事？”

“是！”狐狸不敢怠慢，“设案件总数为 1，剩下的 27 件坏事所占的份数为：$1-\frac{1}{6}-\frac{1}{5}-\frac{1}{3}=\frac{3}{10}$，案件总数是 $27\div\frac{3}{10}=90$（件）。”

虎大王瞪着眼睛说：“你们做了这么多坏事！”

狐狸、狼和黑熊一起跪下：“请大王饶命！”

酷酷猴说：“他们做了这么多坏事，虎大王不惩罚他们吗？”

虎大王对狼、狐狸和黑熊说：“我罚你们在三天之内，给我盖 20 间房子！”

“啊？”狼和狐狸同时惊叫，“20 间房子？你还是杀了我们吧！”

虎大王眼睛一瞪，厉声说道：“谁叫你们做了坏事？这些任务必须在三天内完成，否则别怪我对你们不客气！”

“是，我们不敢。”狐狸、狼和黑熊一齐低下了头，乖乖地盖房子去了。

知识点解析

分数应用题

故事中涉及的问题是分数应用题。解答分数应用题，首先要确定题目中的单位“1”的量，这是分析题目数量关系的主要线索，也是解答分数应用题的关键所在。

考考你

酷酷猴帮助黄狗警官整理破案资料，第一天做了计划的$\frac{1}{12}$，第二天又做了剩下部分的$\frac{1}{3}$，这时剩下 242 件资料未整理。酷酷猴原计划整理多少份资料？

大象还鼻子

坏动物们受到了应有的惩罚，大森林里好不容易安宁了一阵子。这天一早，酷酷猴正在森林里走着，一只鼻子奇短的大象拦住了他。

大象对酷酷猴说："酷酷猴，还我鼻子！"

酷酷猴惊奇地问："我什么时候欠你鼻子啦？"

他仔细观察大象的鼻子，好奇地问："你神气的长鼻子怎么变成猪鼻子啦？"

大象一脸委屈地说："都是一个蒙面大仙搞的鬼！"

"你仔细说说。"酷酷猴让大象慢慢说。

原来事情是这样的：有一天，大象遇到一位法力无边的大仙。他问大象知不知道现在最时髦的大象长什么样，大象说不知道。

大仙告诉大象："当前最时髦的是短鼻子大象！鼻子一短，就显得有精神！"

大象点点头说："有道理！可是谁能帮我把鼻子弄短呢？"

大仙指指自己的鼻子，说："只有我会！只要你给我弄一只鸡来，我就能把你的鼻子弄短。"

"行！"大象跑出去，很快弄来一只鸡，交给了大仙。大仙拿出一颗药丸，让大象吃了。

大仙又给大象一面小锣和一个锣槌，说："你敲一下小锣，喊一声'缩'，鼻子就缩为原来的一半。"

大象好奇地问："如果我再敲一下小锣，再喊一声'缩'呢？"

大仙说："那你的鼻子会缩成原来的一半的一半。"

"真好玩！我来试试。"大象拿起小锣当当当一连敲了好几下，一边敲锣，一边喊，"缩！缩！缩……"只见大象的鼻子快速地缩短。

大象再一摸，坏了，鼻子没了！

总共敲了几下

大象发现自己的鼻子缩没了，可着急了。他对大仙说：“我原来只想把鼻子变短些，谁知道我敲多了，鼻子给缩没了。大仙帮忙，再让我的鼻子长出来点儿吧！”

大仙摇晃着脑袋说：“我也不知道你敲了多少下，不好办哪！”

大象一个劲儿地哀求：“大仙救命！”

大仙想了想，说：“除非你给我弄20只活的大肥母鸡，否则我也无能为力！”

“我到哪里弄20只活母鸡去？”大象无奈地离开了大仙。他走着走着，就遇到了酷酷猴。

酷酷猴了解了事情的经过，安慰大象说：“你不要着急。你告诉我，你原来的鼻子有多长？”

大象说：“2米。”

酷酷猴掏出尺子量了一下大象现在的鼻子，说：“现在只剩下0.125米了。”

大象吃惊地叫道：“啊？只剩这么短了？”

酷酷猴说："你敲一下锣，鼻子就缩为 1 米，敲两下就缩为 0.5 米，敲三下缩为 0.25 米，敲四下就缩为 0.125 米了。"

大象明白了："这么说，我刚才敲了四下锣！好，我找大仙去。"

过了一会儿，大象耷拉着脑袋回来了。他对酷酷猴说："我告诉大仙我一共敲了四下锣，可他还是不肯把我的鼻子复原。"

酷酷猴让大象别着急，他想到了一个好主意。酷酷猴找到大仙，问："你可以把鼻子弄短吗？"

大仙点头回答："小仙会此法术。这里有药丸和小锣，你不妨一试。"

酷酷猴又问："如果我吃了药丸，别人敲小锣，鼻子也可以一样缩短吗？"大仙点了点头。

"来人！"酷酷猴一声令下，"把这个害人的大仙给我拿下！"

"是！"两只黑熊从旁边跳出来，把大仙抓住。

酷酷猴把药丸交给黑熊，说："把这颗药丸给他吃了！"

长鼻子大仙

大仙听说要给他吃药丸，急得乱跳："我不吃！我不吃！"但是他挣扎也没用，黑熊强行将药丸给大仙喂了下去。

酷酷猴拿起小锣，当地敲了一下，喊了一声："缩！"

大仙一摸鼻子："我的鼻子剩一半啦！"

当当当……，酷酷猴连喊："缩！缩！缩……"大仙眼看自己的鼻子缩没了，一屁股坐在了地上。

酷酷猴问："你有没有能使鼻子变长的药？"

大仙摇摇头："我没有这种药。"

酷酷猴摆摆手，对黑熊说："放他走！"

大仙站起来，双手捂着鼻子边走边叫："哎哟，我可怜的鼻子哟！"

酷酷猴远远跟着大仙。大仙走到无人处，从口袋里拿出一小包药，仰天大笑："哈哈，酷酷猴被我骗啦！"他自言自语地说："我有缩鼻子药，当然就有长鼻子药啰！"

大仙又拿出一个小鼓："不过，长鼻子不能敲锣，要敲鼓！"说完吃下了一粒药丸。他拿起鼓刚想敲，忽然愣住了："我忘了数酷酷猴敲了几下锣啦！我想至少敲了六下！"

大仙开始敲鼓，咚咚咚……，同时嘴里喊着："长！长！长……"大仙眼看着自己的鼻子噌噌往外长，一下子长到两米长。

大仙说："坏了，我敲多了！"

这时，躲在一旁的酷酷猴从树上跳下来，一把将大仙手中的药袋和小鼓抢走了。

酷酷猴找到大象，让他吃了药，然后举起小鼓咚咚咚咚敲了四下，嘴里连着喊道："长！长！长！长！"

大象高兴地说："哈，我的鼻子恢复原样啦！"

这边，大仙拖着长鼻子说："我的长鼻子可怎么办哪？"

馋猪傻豹

这天，森林里又出事了：金钱豹和野猪把小鹿家刚烤的蛋糕抢光了！酷酷猴奉熊法官之命对金钱豹和野猪进行处罚。

酷酷猴说："最近大森林里连续发生偷吃鸡和兔子的案件。我宣布：限你们三日内把偷吃鸡和兔子的贼捉拿归案，将功抵过！"

金钱豹和野猪商量："咱俩每晚轮流值班巡逻，你值前半夜，我值后半夜，抓住这个偷鸡贼！"

夜晚，天黑得像锅底，野猪正在巡逻，一个黑影忽然从树后闪了出来。

"谁？"野猪大喊一声，"偷鸡贼快出来！"

砰！黑影扔过来一包东西。

野猪拾起这包东西一闻，高兴地叫道："啊，好东西！是我最爱吃的酒糟。"

野猪打开包，立刻一通猛吃，边吃边说："嗯，好吃！

真香！”一包酒糟一会儿就被吃完了。

野猪吧嗒吧嗒嘴，说：“真困哪！”说完一头倒在地上，呼呼睡着了。

“嘻嘻！”黑影躲在暗处笑着说，“傻野猪，你还想捉我？”黑影跳进鸡窝，叼起一只鸡就跑。

被叼的鸡拼命叫道：“救命啊！”

鸡的叫声惊醒了金钱豹，他坐起来揉了揉眼睛：“都后半夜了，该我去巡逻了。”

金钱豹四处找野猪，就是找不着。“野猪跑到哪儿去了？”金钱豹又一想，“我去查查鸡和兔子丢了没有，先去东头。”

金钱豹隔着窗户数兔子：“1，2，3……65。嗯，兔子一只不少！我再去数数鸡。”金钱豹又数鸡，“1，2，3……34。嗯？应该是35只啊，怎么少了1只？不好，出事啦！”金钱豹想去向酷酷猴汇报，刚一迈腿，就被睡着的野猪绊了个大跟头。

“哪来的一截大树墩子？”金钱豹低头一看，惊呼，“原来是野猪！”金钱豹用力拍打野猪：“快醒醒！出事啦！”

“出事啦？”野猪强睁开眼睛问，“是不是酒糟丢了？”

金钱豹着急地说：“什么酒糟丢了？是鸡丢了！”

“啊？怎么又丢鸡了？”野猪一摸脑袋，“嘿，谁在

我脑袋上贴了一张纸条？”

他拿下纸条一看，只见上面写着：

饶猪和傻豹：

今天我叼走一只鸡，明天我将咬死一只兔。我明天晚上 *A* 点 *A* 分 *A* 秒准时来抓兔子。

注意：六位数 2*AAAA*2 能被 9 整除。

去找长鼻子大仙

看完纸条，金钱豹噘的一声跳了起来："他吃了熊心豹子胆啦，敢叫我傻豹！"

野猪安慰说："豹老兄先别生气，他明天还来抓兔子，咱俩赶紧把他明天来抓兔子的时间算出来。"

金钱豹说："咱俩谁也不会算哪，只好再求酷酷猴了。"

"去不得！"野猪说，"刚刚又丢了一只鸡，找酷酷猴不是自找倒霉吗？"

野猪拍着自己的后脑勺，边走边想。突然，野猪兴奋地说："咱俩去找长鼻子大仙吧！他一定会算。"

"好！"金钱豹和野猪一溜小跑去找长鼻子大仙。

长鼻子大仙看了一眼纸条，说："这个容易，*A* 应该是 9。"

野猪高兴地说："偷鸡贼明天晚上 9 点钟来！"

金钱豹狠狠地跺了跺脚："明天晚上一定抓住他！"

第二天，金钱豹和野猪一个去森林东头、一个去森林西头埋伏好，专等捉贼了。

9点钟都过了，偷鸡贼还是没露面。野猪实在憋不住了，探头钻了出来。砰的一声，野猪的脑袋上着实地挨了一下。

“谁？”野猪回头一看，“呀，是酷酷猴！”

酷酷猴问：“你躲在这儿干什么？”

野猪说：“我在这儿等着9点9分9秒抓贼！这是贼留下的纸条。”

酷酷猴接过纸条一算：“不是9点哪，A等于8才对。贼8点8分8秒来，你9点在这儿等他，连贼影儿也看不到了。”

野猪怀疑地问：“你没算错吗？”

酷酷猴说：“一个数能被9整除，它的各位数字之和必然是9的倍数。因此，$2+A+A+A+A+2$应该是9的倍数，也就是说$4+4A$是9的倍数。由于$4+4A=4(1+A)$，而4不可能是9的倍数，所以$1+A$必然是9的倍数。又由于A是一位数，所以$1+A=9$，$A=8$。”

野猪两眼一瞪：“啊？我又受骗啦！”

真假大仙

酷酷猴对野猪说："你快去数数兔子丢了没有吧！"

"我这就去！"野猪撒腿就跑。

不一会儿，野猪又急匆匆地跑了回来。他叫道："完了！西头应该有 35 只兔子，现在只剩下 34 只了。"

酷酷猴点点头说："好狡猾的贼！你终于露出马脚了！"随后，他又凑在野猪耳边小声说："这次我要亲自抓住他！你这样……"

野猪连连点头答应："好，好！"

野猪跑来找长鼻子大仙，一见面就说："抓住了！抓住了！"

长鼻子大仙问："抓住什么啦？"

野猪说："昨天晚上，我们按着你计算的时间——9 点 9 分 9 秒，准时抓住了那个偷鸡贼！酷酷猴让你去参加审判。"

"让我去？"长鼻子大仙吃了一惊。

长鼻子大仙眼珠一转，说："我不能去，由于上次骗吃蛋糕，酷酷猴罚我 20 天不许出家门。”

野猪早有准备：“酷酷猴说了，这次特准你去法庭一次。”

没办法，长鼻子大仙只好跟野猪走一趟。

到了法庭，只见金钱豹看守着一个人，这个人被白布蒙着。

长鼻子大仙问：“偷鸡贼在哪里？”

金钱豹说：“我一掀开白布，你就看清楚了！”说完，哗的一声掀开了白布，白布下面是一个和长鼻子大仙打扮得一模一样的长鼻子大仙。

“啊？”长鼻子大仙叫道，“这肯定是假冒的！”

那位假大仙却说：“我看是真假难辨！”

野猪问：“两位大仙，假大仙就是偷鸡贼，你们说怎么办吧！”

长鼻子大仙激动地说：“我们俩比试一下智力，真大仙智力超群！我们俩各出一道题，谁能答对谁就是真大仙。”

大仙现形

长鼻子大仙抢先说："我先出一道题考你：我准备抓252只活鸡分三份养起来，留着慢慢吃。这三份鸡的数目分别能被3，4，5整除，而所得的商都相同。你说说，这三份鸡各有多少只？"说完，他又指着假大仙说："这道题，难死你！"

假大仙嘿嘿一笑："看来你是一个抓鸡的能手啊！这道题不难。假设把252只鸡分为 a、b、c 三份，d 作为它

们共同的商。这时就有 $a=3\times d$，$b=4\times d$，$c=5\times d$。由于 $252=a+b+c=3\times d+4\times d+5\times d=(3+4+5)\times d$，所以 $d=252\div(3+4+5)=21$。”

假大仙停了一下，又说：“算出 $d=21$ 就好办了。$a=3\times21=63$（只），$b=4\times21=84$（只），$c=5\times21=105$（只）。”

长鼻子大仙点点头说：“算你蒙对了。”

“该我考你啦！”假大仙说，“有一位法官想把 28 名罪犯分押在 8 间牢房，要求每间牢房里都有罪犯，而且每间牢房里的罪犯数都不同。你来分一下吧！”

真大仙开始分。“嗯……这么分，不对！那样分……也不对！怎么分不出来呀？”真大仙头上的汗都出来了。

“三十六计，走为上计！”真大仙撒腿就跑，没想到被大象堵在门口，撞了个屁股蹲儿。

这时，假大仙去掉伪装，露出真面目，原来是酷酷猴！酷酷猴走上前，一把撕掉长鼻子大仙的伪装：“让大家看看你是谁？”

大家异口同声地说：“啊，是狐狸！”

酷酷猴宣布：“狐狸假装大仙，坑蒙拐骗，坏事干绝，依照法律应把他扔下山谷！”

狐狸一伸手说：“慢！我有个要求。”

狐狸魂儿

酷酷猴问："你有什么要求？"

狐狸说："临死前希望你把答案告诉我，我好死个明白。"

"好。"酷酷猴说，"答案是，这件事根本就做不到！"

狐狸吃惊地问："为什么？"

酷酷猴说："按 8 间牢房关押最少的罪犯数，应该是 1，2，3……8，而 $1+2+3+\cdots+8=36$，但是现在只有 28 人，还差 8 人，所以根本就做不到。"

"哼，做不到还让人家分？你是成心让人死啊！"狐狸愤愤不平地说，"我不服！"

酷酷猴下令："执行命令！"两名熊警察走过来，拉起狐狸就往外走。

狐狸边走边回头喊："我死得冤枉，我还会回来找你们算账的！"

狐狸被扔下了山谷。

狐狸顺着山谷飘飘悠悠往下落，却被半山腰的一棵树托住了。

狐狸抹了抹头上的冷汗："感谢大树救了我！我和酷酷猴没完！我还是先做点药，把我的长鼻子变短。"

夜晚，野猪正在屋里睡觉，忽听外面有人大声敲门。

野猪打开门一看：啊，是狐狸！

野猪吃惊地问："狐狸，你不是被扔下山谷摔死了吗？"

狐狸回答："狐狸是摔死了，我不是狐狸，我是狐狸魂儿！我要找你们算账！"

"不好啦！狐狸魂儿找咱们算账来了！"野猪吓得一路狂奔。

金钱豹听到喊声，出来察看，和野猪撞了个满怀。

勇斗狐狸魂儿

野猪和金钱豹找到了酷酷猴。野猪气喘吁吁地说："不好啦！狐狸死了，狐狸魂儿来了！"

酷酷猴摇摇头说："世界上哪来的狐狸魂儿？我去看看！"

这时，狐狸正在追赶一群兔子，边追边喊："我要咬死一批兔子和鸡！让你们知道知道我狐狸魂儿的厉害！"

"站住！"酷酷猴挡住了狐狸的去路，他指着狐狸说，"有我酷酷猴在，不许你伤害兔子和鸡！"

狐狸不屑地说："我是狐狸魂儿，你管得了狐狸，却管不了狐狸的魂儿！"

酷酷猴问："狐狸魂儿和狐狸有什么不一样？"

狐狸回答："狐狸魂儿是狐狸的精灵，无所不能！"

"我就偏要和你这个狐狸魂儿斗一斗！"酷酷猴拉响了警笛。

熊警察、猴警察、鹿警察、象警察等纷纷跑来问："酷酷猴探长有什么指示？"

酷酷猴指着狐狸说："我命令你们捕捉这个狐狸魂儿！"

众警察答应："是！"

"慢！"狐狸一摆手说，"你们人多，我并不害怕！你能告诉我一共来了多少警察吗？"

酷酷猴说："可以，不过需要你自己去算。这些警察中有一半是熊，$\frac{1}{4}$是猴，鹿占 0.15，象只有 3 头。"

狐狸嘿嘿一笑，说："这么简单的问题，你难不倒我！设全部警察为 1，熊占 0.5，猴占 0.25，鹿占 0.15，剩下多少呢？有 $1-0.5-0.25-0.15=0.1$，这 0.1 是象所占的比例，象有 3 头，因此警察总数为 30 人。"

众警察刚想上来抓狐狸，狐狸转身放了一个臭屁，然后趁警察们捂鼻子的机会逃跑了。

声东击西

酷酷猴见狐狸跑了，着急地说：“大家不要怕臭！快去追！”

众警察立即去追狐狸。

狐狸躲在一棵大树后，看见几名警察跑了过去，一个猴警察落在了后面。

“小猴子，看你往哪里走！”狐狸从树后蹿了出来，用藤条一下子勒住了猴警察的脖子。

猴警察挣扎着：“啊，勒死我了！”

狐狸一把抢过挂在猴警察脖子上的警笛：“这警笛有什么用？”

猴警察说：“吹响警笛可以把其他警察招来。”

狐狸用力一勒藤条：“怎么个招法？”

猴警察说：“吹一次，可以把20%的警察招来；再吹一次，可以把剩下警察中的50%招来；吹第三次，可以把剩下警察的50%招来。”

狐狸一摇头：“又让我算！”

狐狸说：“刚才酷酷猴吹了一次，来了 30 名警察。这 30 名警察应占警察总数的 20 %，因此警察总数为 $30 \div 20\% = 150$（名）。”

猴警察点点头说：“差不多。”

狐狸又说：“150 名中，第一次招来 30 名，剩下 $150 - 30 = 120$（名）；第二次招来剩下的 50 %，是 $120 \times 50\% = 60$（名），还剩下 $120 - 60 = 60$（名）；第三次招来剩下的 50 %，是 $60 \times 50\% = 30$（名）。总共可以招来 $30 + 60 + 30 = 120$（名）警察。”

狐狸用力勒住猴警察的脖子，说：“你给我吹三次警笛！不然我勒死你！”

猴警察坚决不吹，狐狸恼羞成怒，一拳将猴警察打晕。狐狸拿起警笛：“你不吹，我吹！”

警察们听到警笛声，分批跑到吹警笛的地点。大家互相问：“看到狐狸魂儿了吗？”大家都摇头说没看见。

酷酷猴跑来一看，大叫一声：“不好，我们上当啦！咱们都跑到了东边，他可能到西边作案去了！”

追捕狐狸魂儿

酷酷猴严肃地说："我怕狐狸魂儿使用的是调虎离山计！这里留下一半警察，其余 60 名警察跟我去西边，保护鸡和兔子。"说完，带着一队警察往西边跑去。

酷酷猴带着警察刚在西边埋伏好，就看见狐狸一边掰着指头算账，一边自言自语地朝这边走来。

狐狸说："西边原来有 35 只兔子、65 只鸡。让我吃了 1 只兔子，还剩下 34 只兔子。这次我要咬死 10 只兔子、20 只鸡！让酷酷猴哭去吧！哈哈！"

酷酷猴小声对黄狗警官说："你可千万别出声！"

黄狗警官刚想点头，忽然鼻子一痒，阿嚏一声。

狐狸警惕地说："不好，有埋伏！"说完撒腿就跑。

酷酷猴一挥手："快追！"埋伏的警察都跳出来追。

狐狸藏到一棵大树后面，心想：我要逗逗酷酷猴。他拿出一张纸条，在纸条上写道：

我正在一个树洞里练功，树洞的位置：从这

儿往正东走（3 ∗4）∗5 米。已知 $a*b=a\times b-(a+b)$。

狐狸魂儿

黄狗警官发现了纸条，看着纸条直发愣：“我学过 3+4，3−4，3×4，3÷4，可是从来没学过 3 ∗ 4 是什么运算。”

酷酷猴说：“这是狐狸魂儿自己规定的一种新运算：是 $a*b=a\times b-(a+b)$。按着他的规定，$3*4=3\times4-(3+4)$，先算出 3 ∗ 4 来。$3*4=12-7=5$。”

黄狗警官明白了：“就是拿数往里套呀！我会了。”

知识点解析

定义新运算

故事中，$a*b=a\times b-(a+b)$，这是一种新运算。解决此类问题，关键是要正确理解新定义的算式含义，然后将新定义的运算方法转化为已有的运算规则。

新运算问题的解题步骤：①正确理解新符号的算式意义；②找准问题中的数字与新算式中的字母间的对应关系；③将对应数字代入算式中进行计算。

考考你

$a\triangle b=(a+1)\div(b+2)$，求 $7\triangle(5\triangle1)$。

难逃法网

黄狗警官计算：

（3＊4）＊5＝5＊5＝5×5－（5＋5）＝25－10＝15

“啊，我算出来啦！树洞离这儿 15 米。”

黄狗警官往东走了 15 米，果然发现了一个大树洞。

黄狗警官说：“我进去搜！”

“慢！留神狐狸屁！”酷酷猴说，“我先向里面喊话。我是酷酷猴——你赶快出来投降，可以宽大处理——如果顽抗到底，只有死路一条！”

突然，一个大西瓜从树上落下来，酷酷猴急忙跳开了。黄狗警官躲闪不及，西瓜正好砸在他头上，弄得满脸都是西瓜汁。

“哈哈！”狐狸从树上跳下来，说，“真好玩儿！挨砸的感觉是：又疼，又晕，又红，又甜！我狐狸魂儿走啦！”只见狐狸身前冒起一股白烟，白烟散去后，狐狸不见了。

黄狗警官愣住了：“怪了，狐狸魂儿真的不见了！”

酷酷猴一挥手：“既然狐狸魂儿跑了，我们也撤！”

等酷酷猴他们撤走后，狐狸从树洞里探出脑袋，笑笑说：“我撒了一包白灰，就把他们骗走了！”狐狸从树洞里钻出来，伸了个懒腰：“再聪明的酷酷猴也斗不过我狡猾的狐狸！”

突然，一张大网从树上落下，一下子把狐狸网在了里面。酷酷猴从树上跳下来，说：“看你往哪儿跑？”

狐狸大叫一声：“啊，我上当啦！”

酷酷猴宣布处理决定：“狐狸偷鸡摸兔，装神弄鬼，罪大恶极，屡教不改。现在宣布：将狐狸处以死刑！”

狐狸说：“这次可完了。”

狐狸被吊死在大树上。

借债不还

这天中午，酷酷猴睡得正香，一阵急促的电话铃声把他从睡梦中惊醒。他抓起电话听筒大声问："是哪个讨厌的家伙？不知道我正在睡觉吗？"

电话听筒里传来浑厚的男低音："我是熊法官，现在有件疑案急需你来侦破。"

"我马上到！"一听说有案子可破，酷酷猴立刻来了精神，他跨上摩托车直奔"动物法院"。

法院里，老山羊正状告黑豹，原来黑豹借了他的十根胡萝卜赖着不还。黑豹要老山羊说出是哪天借的，老山羊记不清确切日期。黑豹说既然说不出日子，那就是没借。

熊法官小声对酷酷猴说："你看这怎么办？一个忘了日期，一个说说不出日期就不承认。"

酷酷猴倒背双手走到老山羊面前："你不要着急，慢慢想，除了日期，你还能想起点儿别的什么吗？"

老山羊低头想了一会儿，说："我想起来了，那是今年 1 月份的事，是 1 月份的第一个星期四。"

黑豹大声叫道："酷酷猴，别听他瞎说！"

酷酷猴不理黑豹，继续问："老山羊，你还想起什么？"

老山羊绞尽脑汁，忽然一拍大腿，说："当时我看了一眼挂历，我把 1 月份所有星期四的日期数相加，结果恰好是 80。"

"很好！"酷酷猴转身对黑豹说，"如果我算出的日期，和日历上查得的日期一样，你承认不承认借过胡萝卜？"

黑豹一瞪眼睛说："承认！"

酷酷猴边写边分析："设这一天是 1 月 x 日，x 日既然是 1 月份的第一个星期四，x 必然小于或等于 7。"

熊法官点头说："分析得有理！"

"第一个星期四是 x 日，第二个星期四必然是（$x+7$）日，第三个星期四必然是（$x+14$）日。"酷酷猴越说越快，"第四个星期四是（$x+21$）日，如果 1 月份只有 4 个星期四，那么，$x+(x+7)+(x+14)+(x+21)=80$。这个方程中，x 没有整数解，说明 1 月份有五个星期四，第五个星期四是（$x+28$）日，把这些日期相加，得 $x+(x+7)+(x+14)+(x+21)+(x+28)=80$，$5x+70=80$，$x=2$。"

老山羊站起来说："对，是 1 月 2 日。"

熊法官拿出日历一查，1 月 2 日正好是星期四。黑豹像泄了气的皮球一样，一屁股坐在了地上。

野猫做寿

酷酷猴刚想离开动物法院，黄牛一把揪住他。黄牛说：“酷酷猴，我们家出大事啦！”

“什么大事？”

黄牛鼻孔喷着白气，说：“今天是我母亲的生日，昨天我给她做了个生日蛋糕，今天早上一看，蛋糕没啦！这下我怎么给母亲过生日呀？”

酷酷猴拍拍黄牛的后背，安慰说：“你先不要着急，咱们和熊法官一起研究一下。”

熊法官问：“你做的蛋糕是什么形状的？有多大？”

“生日蛋糕是按这张图纸做的。”黄牛打开一张纸，纸上画有一个三角形。

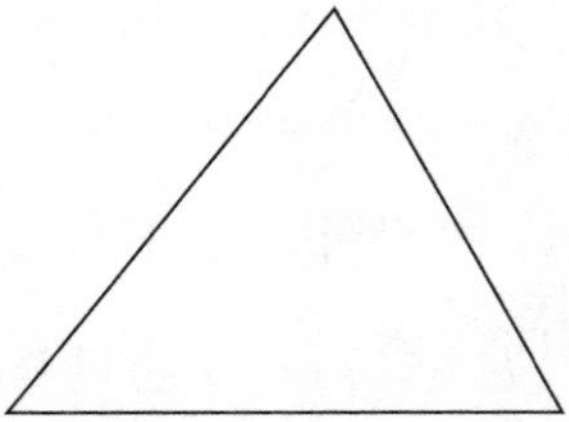

图①

酷酷猴看了看，说："这个三角形既不是等边三角形，也不是等腰三角形。"

熊法官问："你做生日蛋糕，有谁知道？"

黄牛想了一会儿，说："只有小鹿和野猫来过我家，他们看见了我做的蛋糕。"

"野猫？"酷酷猴眼珠一转，转身走了出去。

野猫的房子修筑在树上。酷酷猴爬上树，刚想敲门，就见门上贴着一张大红纸，上面写着个"寿"字，屋里正放着"祝你生日快乐"的歌曲。

门吱的一声打开了。野猫满面春风地说："哟，是酷酷猴呀！稀客，今天我过生日，你怎么也来祝寿？不敢当不敢当！"

酷酷猴一眼就看见屋子中间放着的三角形蛋糕与黄牛的蛋糕形状差不多，两个三角形底边一样长，只不过左右边反了过来。（即图①的左边与图②的右边一样长，图①的右边与图②的左边一样长）

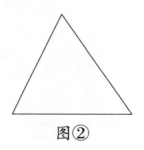

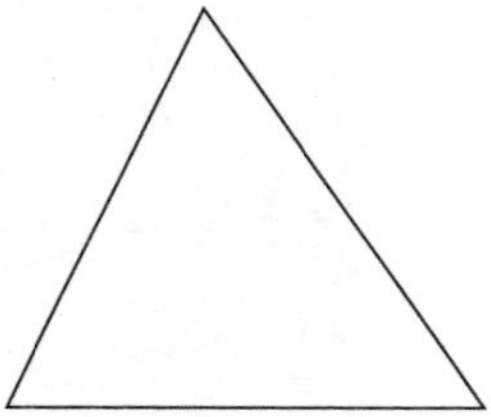

图②

酷酷猴说："黄牛有一块三角形蛋糕，昨天夜里被人偷走了。"

"是吗？"野猫解释说，"我昨天看见了黄牛做的蛋糕，便学他的样子也做了一个。为了有区别，我这块蛋糕上小尖角的方向恰好与他的相反。"

酷酷猴低下头认真看着蛋糕。野猫又忙说："你也许以为只要把他的蛋糕翻过来放，方向就相同了。但是由于蛋糕一面有奶油，一面没有奶油，所以是不能翻过来放的。"

酷酷猴上前仔细一看，野猫已把蛋糕分成四个等腰三角形，他恍然大悟，说："野猫，你很聪明，你把黄牛的蛋糕分成四个等腰三角形，利用等腰三角形的对称性，重新拼出了一个蛋糕！"

见罪行已败露，野猫低下头说："我认罪，我太馋啦！"

长颈鹿告状

熊法官收到长颈鹿的状纸，状告九个动物哄抢他的苹果，状纸上写道：

九名强盗，不知来自何方，把我采的苹果几乎一扫而光。长尾猴飞快地抢走$\frac{1}{12}$；野猪抢得很多，每7个苹果他就拿走1个；$\frac{1}{8}$被野猫抢走；是这2倍的苹果落入灰熊之手；松鼠最客气，只拿走了$\frac{1}{20}$；可是又来了鼹鼠，他拿走的是松鼠的4倍；还有3个强盗，个个都不空手：3个苹果归乌鸦，12个苹果归野兔，30个苹果归野山羊。可怜我长颈鹿，最后只剩下5个苹果。

熊法官看完状纸，直吸凉气："状纸写得不错，还带点儿诗意。只是，九名强盗是不是太多了点儿？另外，长颈鹿原来有多少个苹果也不知道哇。"

"不知道可以算哪！"酷酷猴推门走了进来，他接过状纸仔细看了两遍。

熊法官问："你说这个案子应该从哪儿下手？"

酷酷猴说："必须先算出长颈鹿原来有多少个苹果，这样才能知道长尾猴、野猪、野猫、灰熊、松鼠、鼹鼠等各抢走多少个苹果。"

"说得对。"熊法官皱着眉头说，"九个强盗，怕不好算吧！"

酷酷猴说："一个一个地算嘛！设长颈鹿原来的苹果个数为 1。这样，长尾猴、野猪、野猫、

灰熊、松鼠、鼹鼠共抢走了：$\frac{1}{12}+\frac{1}{7}+\frac{1}{8}+\frac{1}{4}+\frac{1}{20}+\frac{1}{5}=\frac{70+120+105+210+42+168}{840}=\frac{715}{840}=\frac{143}{168}$。”

熊法官接着算：“剩下部分是 $1-\frac{143}{168}=\frac{25}{168}$，而剩下的苹果数是 $3+12+30+5=50$（个）。长颈鹿原来的苹果数为：$50\div\frac{25}{168}=2\times168=336$（个）。”

酷酷猴掏出笔和笔记本记下来——

长尾猴抢走：$336\times\frac{1}{12}=28$（个）

野猪抢走：$336\times\frac{1}{7}=48$（个）

野猫抢走：$336\times\frac{1}{8}=42$（个）

灰熊抢走：$42\times2=84$（个）

松鼠抢走：$336\times\frac{1}{20}=16\frac{4}{5}$（个）

鼹鼠抢走：$67\frac{1}{5}$（个）

熊法官发怒了，他向这九个哄抢苹果的强盗发出传票，要他们三天之内带着抢走的苹果来法院投案自首。

三天期限已到，只有松鼠、鼹鼠、乌鸦、野兔和野山羊把抢走的苹果送了回来。

熊法官问鼹鼠："你怎么抢走 $67\frac{1}{5}$ 个苹果？这 $\frac{1}{5}$ 是怎么回事？"

鼹鼠小声说："我用口袋装了 67 个苹果，心里总觉得不够多，又拿起一个苹果咬了一大口。"

酷酷猴说："还有 4 个强盗不投案，我只好一个一个去抓了。先抓长尾猴！"

猴子跳桩

酷酷猴直奔大森林深处找长尾猴。他老远就听到长尾猴在喊："跳！跳！"走近一看，是长尾猴在训练他的6个孩子跳桩。

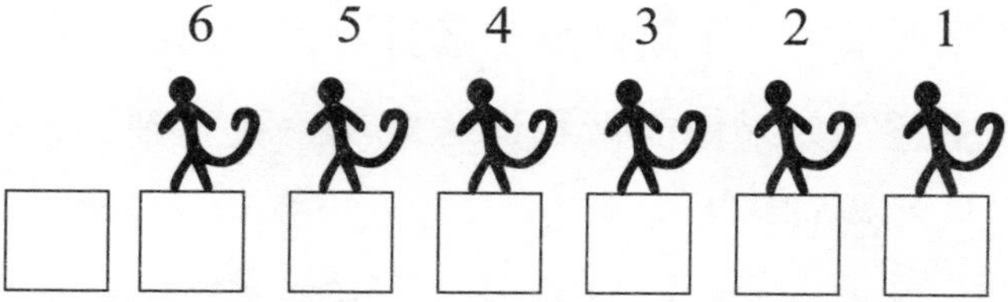

地上有7个树桩，6只小长尾猴站在靠右边的6个树桩上，最左边的树桩空着。每只小长尾猴身上都标着号码，从左到右分别是6，5，4，3，2，1。

酷酷猴问："长尾猴，是你抢了长颈鹿的苹果吗？"

长尾猴头也不回地答道："对，是我抢了他的苹果。"

酷酷猴又问："熊法官给你的传票，收到了吗？"

"收到了。只是我正在训练小猴跳桩，没时间去。等我训练完了，我立刻就去。不过，什么时候能练完可就难说了。您瞧，已经练了两天，还是练不好！”长尾猴直皱眉头。

酷酷猴走近一些，问：“你想怎么个练法？”

长尾猴说：“我要求每只小猴跳桩时，只能这样跳：跳到相邻的空树桩上，或者越过一只小猴跳到空树桩上。通过若干次跳跃，6个树桩上，小猴的号码正好颠倒过来，变成1，2，3，4，5，6。”

酷酷猴摇摇头说：“亏你想出这么个主意！不过，就这么乱跳，把这6只小猴累趴下，你也达不到目的。”

长尾猴噌的一下跳到酷酷猴身边，急切地问：“你有什么好主意？如果你能帮我训练成功，我立刻带着抢来的苹果去见熊法官！”

“一言为定！”酷酷猴说，“既然是号码颠倒，那么号码小的猴子尽量越过号码大的猴子往左跳，而号码大的猴子也要尽量越过号码小的猴子向右跳。”

长尾猴点点头说：“说得有理。可是，如果有一次做不到这两条，怎么办？”

酷酷猴说：“如果做不到，可由一只猴子跳到相邻的空树桩上，为继续跳跃做准备。”

在酷酷猴的指挥下，5号猴子越过6号猴子跳到空树桩上，3号猴子越过4号猴子跳到空树桩上，接下去跳的是1号、2号、4号、6号、5号、3号、1号、2号、4号、6号、5号、3号、1号、2号、4号、6号、5号、3号、1号。小猴们一共跳了21次，才达到目的。

长尾猴背着一口袋苹果说：“走，酷酷猴，我跟你去见熊法官。”

灰熊请客

酷酷猴见到熊法官，说："我去找灰熊，让他交回抢走的 84 个苹果。""慢！"熊法官说，"灰熊一般藏在树洞里，你想把他硬拖出来是很困难的，得想点儿办法才行。"酷酷猴笑笑说："我会有办法的。"

酷酷猴很快就找到了灰熊的大树洞，洞门关着。酷酷猴敲了敲门。灰熊在里面烦躁地说："真是越乱越添乱，本来我就理不出头绪，现在又有人敲门！谁呀？"

"酷酷猴！我来帮你理出头绪。""酷酷猴？嗯，来者不善，善者不来。"灰熊问，"你真能帮我理出头绪？"

酷酷猴说："放心！理不出头绪，你不要开门。"

灰熊说："我最近弄了点儿肉和苹果，想请我们全家人吃顿饭。我们全家人中，当祖母的 1 人，当祖父的 1 人，当父亲的 2 人，当母亲的 2 人，孩子 4 人，孙辈孩子 3 人，当哥哥或弟弟的 1 人，当姐妹的 2 人，当儿子的 2 人，当女儿的 2 人，当公公的 1 人，当婆婆的 1 人，当儿媳的 1 人。你帮我算算，我最少请几个人来吃饭？"

“嘻嘻！”一贯比较严肃的酷酷猴笑了，“灰熊，真有你的！这么一笔乱账，真不好弄。”

灰熊问：“那怎么办？我这客就不请啦？”

酷酷猴说：“这些人当中，一个人往往身兼数职。比如祖父，他既是他儿子的父亲，又是他儿媳的公公。”

灰熊在里面说：“嗯，有门儿！你接着说。”

“孙辈孩子3人当中，一定是1子2女。这样一来姐妹2人，哥哥或弟弟1人，孩子4人中的3人，儿子2人中的1人，女儿2人都可以不再考虑了。”

灰熊有点儿着急：“你快说出答案吧！我好准备饭。”

酷酷猴说：“叫我说出答案也行，你必须跟我去一个地方。”

“行，行。只要你告诉我答案，跟你去哪儿都行！”灰熊把门开了一道缝儿。

酷酷猴说：“答案是祖父、祖母、父亲、母亲和孙辈孩子3人，其中1子2女，至少7人。”

灰熊打开半扇门，说：“7人可不多！”

酷酷猴招招手说：“看来这客你是请不了啦！带着你抢的84个苹果，跟我去见熊法官吧！”

“咳，我忘了这苹果是抢来的啦！好，我跟你走。”灰熊背着一袋苹果跟酷酷猴走了。

△□○公司

野猫最不好对付，他脑子好使，鬼点子特别多，而且身手矫健，武艺高强。酷酷猴为谨慎行事，约熊法官一起去找野猫。

他们到了野猫家，只见门口挂着一个木牌，牌子上写着“△□○公司”。熊法官皱起眉头，问酷酷猴：“这三角形、正方形、圆公司是什么公司？”

酷酷猴说：“管它是什么公司！咱们是来找野猫要回他抢走的苹果，又不是找他做买卖。”说完敲了几下门。

野猫在里面问：“你们找我谈什么生意呀？”

酷酷猴答：“不谈生意，我们要苹果。”

“本公司不经营苹果，你们走错门啦。如果弄不清本公司是干什么的，就别再敲门啦！”看来野猫早有准备。

熊法官摇摇头说：“看来，回答不出他公司的业务范围，别想让野猫开门了！”

酷酷猴拍拍脑袋，灵机一动，对着屋里说：“我猜出来了，你开的是糖三角、方饼干、圆馅饼公司！”

野猫在屋里发出哧哧一阵冷笑，说：“亏你猴子想得出来，卖糖三角能赚多少钱？我开的是赚大钱的公司！”

“现在开什么公司赚大钱？”熊法官猛然想起来了，“盖房子，搞房地产可是赚大钱的呀！”

酷酷猴不大明白，问：“搞房地产和三角形、正方形、圆有什么关系？”

“你想啊！”熊法官向酷酷猴解释，“看见三角形，你就想起了屋顶；看到正方形，你就想到门窗。”

“看到圆呢？”酷酷猴追问。

“圆嘛……嘿，我想起来了。”熊法官显得很兴奋，“看到圆，就想起人的脸面，野猫的公司除了搞建筑，还搞门面装饰。野猫开的是建筑装饰公司！”

门吱的一声打开了。野猫探出头来看了看熊法官和酷酷猴，说：“你们俩是到本公司找活儿干的吧？你，狗熊，身强体壮，可以当搬运工，干点儿力气活儿。你，猴子，身体灵活，可以当架子工，登高爬梯没问题。”

熊法官越听越生气，一把将野猫拉了出来：“你装什么糊涂？快说，你把抢来的 42 个苹果藏到哪儿去啦？”

野猫把脖子一扭，说：“说我抢苹果，拿出证据来！”

熊法官命令：“酷酷猴，搜！”

两个柜子

酷酷猴闯进野猫的家，见屋里乱七八糟的，地上堆着许多啃剩下的骨头，角落里有两个柜子，柜子都上着锁。

酷酷猴问：“这两个柜子里装的是什么？”

野猫两眼向上一翻，爱搭不理地说：“苹果。”

“苹果？”酷酷猴追问，“是不是抢来的？”

野猫一屁股坐在摇椅上，不紧不慢地说：“如果数目对了，那就是抢的；如果数目不对，那就是我采摘的。”

酷酷猴指着柜子说：“打开锁，我数数有多少个苹果，是不是 42 个？”

“猴大侦探破案还用开柜子数数？我告诉你两个数，你算算吧！”野猫站起来，在地上转了两圈，说，“这两个柜子里的苹果一样多。如果我从左边柜子里取走 11 个苹果，同时又在右边柜子里放 9 个苹果，这时右边柜子里的苹果数恰好是左边的 3 倍。算错了，可别怪我野猫翻脸不认人！”

为了谨慎起见，酷酷猴对熊法官说："咱俩每人算一遍，你用算术方法，我用解方程来算。"

熊法官点点头说："好！"

没过几分钟，熊法官把计算过程和答案给酷酷猴看：

$$(9+11)\div(3-1)=20\div2=10（个）$$

$$10+11=21（个）$$

酷酷猴摇了摇头，说："不懂！"

熊法官画了个图，说："由于原来两个柜子里的苹果数一样，我用 *AB* 和 *CD* 来表示，*AB* 和 *CD* 长度相等。"

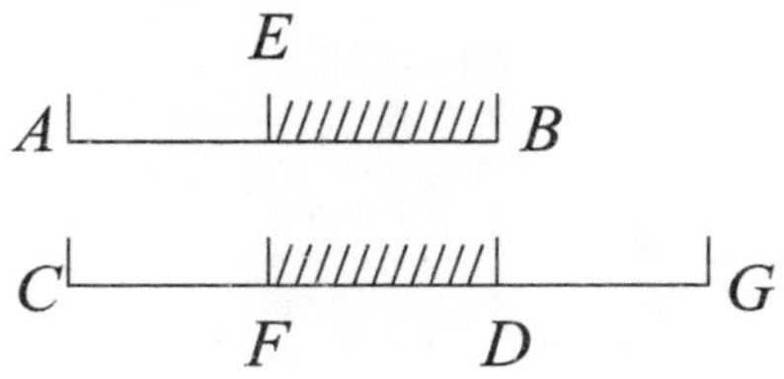

酷酷猴点头说："懂了！"

"从 *AB* 中取走 11 个苹果，也就是截去线段 *EB*；再给 *CD* 加上 9 个苹果，也就是给 *CD* 加上一段 *DG*。这时 *CG* 是 *AE* 的 3 倍长，而 *FG* 是 *AE* 的 2 倍长，这就是小括号里 3 减 1 的来历。"熊法官讲得很耐心，"这 2 倍长表示 11 加 9，算出 AE 等于 10，AE 加上 EB 就是原来的 AB，所以原来有 10 加 11 等于 21。”

酷酷猴用力一拍双手，说：“两个柜子合起来恰好是 42 个！再看我的算法：设每个柜子里原来有 x 个苹果，可列出方程：$x+9=3(x-11)$，$2x=42$，$x=21$。”

熊法官拍拍手说：“也是 21 个！”

野猫刚想逃跑，熊法官一个扫堂腿，把野猫摔了个嘴啃泥。酷酷猴跳过去，掏出手铐，紧紧铐住了野猫的双手。

野猪转圈

熊法官请酷酷猴吃饭。酒过三巡，熊法官说：“哄抢长颈鹿苹果一案中，只剩下野猪没有被逮捕归案。他抢走48个苹果，数目可不小啊。”

提到野猪，酷酷猴双眉紧皱，低头一言不发。熊法官忙问：“一提起野猪，你怎么这副表情？”

“咳，你有所不知呀！”酷酷猴抬起头说，“野猪是装傻充愣、软硬不吃的家伙。他跑起来特别快，又喜欢哪儿脏往哪儿钻。”

“嘿嘿，”熊法官笑着说，“其实野猪一点儿也不傻。我知道你爱干净，没事儿就梳理自己的毛，可是这最后一个案犯，咱们不能因为脏就把他放了！”

酷酷猴问：“你有什么好主意吗？”

熊法官凑在酷酷猴耳边小声说：“你这样……就成了。”

酷酷猴面露喜色，匆匆离去。

酷酷猴在野猪的家门前画了一个大大的圆，又在圆内画了个六角星。

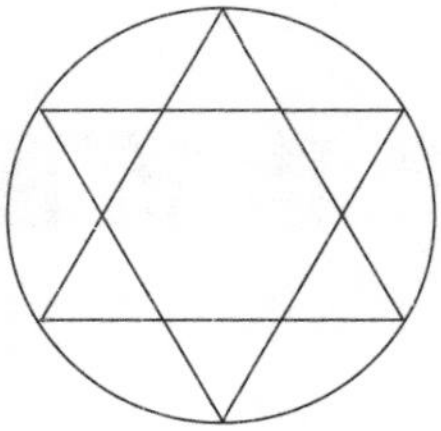

野猪一出家门就看见了这个图形，他自言自语地说：“谁在我门前画了个大圆？不会是陷阱吧！”

“不是陷阱，是游戏图。”酷酷猴从树上跳下来，说，“我想和你做个游戏。”

“和我做游戏？”野猪眨巴着一对小眼睛，警惕地看着酷酷猴。

酷酷猴说：“长颈鹿告你抢走了他的 48 个苹果，熊法官让我来抓你，不过……”

野猪问：“不过什么？”

“只要你能把这个游戏玩赢了，咱们就一笔勾销，我不再追究你的罪行，你看怎么样？”酷酷猴边说边观察野猪的表情。

“行，行！怎么个玩法？”

酷酷猴指着地上的图说：“你随便从图上的某一点出发，不重复地把图中所有的线都走到，就算你赢了。”

野猪点头说："咱们就这样说定啦！你说开始我就跑。"

"预备——开始！"酷酷猴一声令下，野猪就沿着图上的线跑了起来。他跑了一段，酷酷猴喊："不对，那条线你刚刚走过了！"他又跑一段，酷酷猴又说重复了。

野猪泄气了，吼着说："这个图根本不可能不重复地一次走遍，你猴子要是能走出来，我情愿跟你去见熊法官认罪。"

"说话可要算数。"酷酷猴从A点出发，无重复地一次走了下来。酷酷猴掏出手铐，上前给野猪铐上。

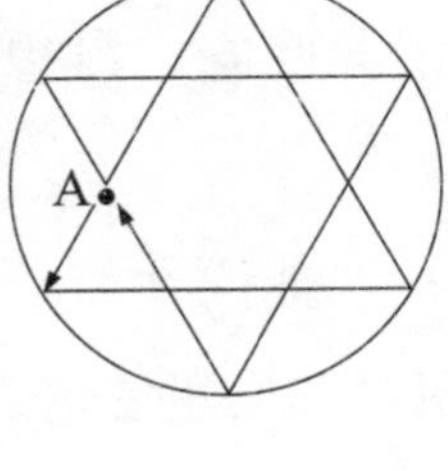

就在这时，喜鹊飞来说："小兔子家出事了！"酷酷猴让喜鹊看住野猪，自己一阵风似的来到小兔子家，只见门口围着许多动物，小兔子躺在地上。酷酷猴抱起不能动弹的小兔子，只听小兔子说："昨天夜里，猫头鹰发出怪叫。"说完就昏了过去。

重要信息

酷酷猴派山羊把小兔子送往医院，自己去找猫头鹰问明情况。

猫头鹰蹲在树上，睁一只眼闭一只眼地休息。酷酷猴问："昨天晚上，你为什么在小兔子门前咕咕怪叫？"

猫头鹰睁开了闭着的那只眼睛，说："昨天夜里我看见三队田鼠，本想抓一只吃吃，没想到带头的田鼠说了一段话，把我搞糊涂了。"

酷酷猴警惕地问："他说什么？"

"他说，一队田鼠是二队的2倍，三队比二队少13只。如果把三个队的田鼠合起来，总数是个不超过50的质数，而且组成这个质数的两个数字之和是11。"猫头鹰瞪着大大的眼睛说，"我想算算有多少只田鼠，可是我怎么也算不出来，急得我咕咕叫。"

酷酷猴失望地摇了摇头，说："闹了半天，你是算不出题急得咕咕乱叫，与我破案无关。"

酷酷猴刚想走，猫头鹰拦住他，说："你如果能帮我算出总共有多少只田鼠，我会告诉你一个重要信息。"

"看来我要用解题来换你的信息了。"酷酷猴拍拍脑门儿，说，"设二队有 x 只田鼠，那么一队有 $2x$ 只，三队有 $(x-13)$ 只，三个队的田鼠数目之和为 $2x+x+(x-13)=4x-13$，要求这个数是质数，还要小于 50。"

猫头鹰点点头说："你说得对。"

酷酷熊接着说："小于 50 的两位数质数，它的数字之和是 11，而 $11=2+9=3+8=4+7=5+6$，其中 38 和 56 是合数，只有 29 和 47 是质数。"

猫头鹰问："究竟是 29 只还是 47 只呢？"

“要列方程算一算。先用 29 列个方程。”酷酷猴写出：

$$4x-13=29$$
$$4x=42$$
$$x=10\frac{1}{2}$$

酷酷猴摇摇头说：“这个不成！不能出现半只活田鼠！再用 47 试试。”

$$4x-13=47$$
$$4x=60$$
$$x=15$$

“这次对啦！”酷酷猴高兴地说，“总共有 47 只田鼠，一队有 30 只，二队有 15 只，三队只有 2 只。快告诉我重要信息吧！”

猫头鹰小声说：“我看见这群田鼠钻进了小兔子家，过了一会儿，就听见小兔子大叫了一声。”

狐狸醉酒

酷酷猴听说田鼠有作案嫌疑，马上开着摩托车找到了老田鼠。

老田鼠很不好意思地说：“小兔子的胡萝卜确实是我们偷的。酷酷猴，你也知道，如果田鼠不偷东西吃，可叫我们怎么活呀？”

酷酷猴瞪着眼睛问：“你们偷胡萝卜已经不对，打伤小白兔更是罪上加罪！”

“冤枉！”老田鼠解释，“小白兔不是我们打伤的，我们只是偷了胡萝卜！”

“不是你们是谁呢？”酷酷猴皱起了眉头。

老田鼠往前走了两步，小声对酷酷猴说：“我在小兔子家偷胡萝卜时，闻到一股特殊的气味。”

“什么气味？”

“一股狐狸的臊味！”

“啊，又是他！”酷酷猴听到“狐狸”二字，立刻警觉起来。他用手机通知熊法官后，立刻开着摩托车去找狐狸。

敲了半天门，狐狸才把门开了一道小缝，嘟囔着说：“人家睡得正香，你捣什么乱哪？”

酷酷猴说：“有人举报你，说你昨天夜里去了小兔子家。”

“胡说！”狐狸提高了嗓门儿，“昨天晚上，我喝了一坛子好酒，喝醉了，一直睡到现在。”

酷酷猴拿起酒坛子闻了闻，说：“怎么没有酒味啊？”

狐狸说：“我前几天在东边捡了一坛子好酒，有1000毫升。第一天我喝了一半，没醉，就将剩下的兑满

清水；第二天我又喝了一半，没醉，又兑满清水；第三天我又喝了一半，还没醉，又兑满清水；昨天我把一坛子都喝了，醉了！”

“酷酷猴，算算昨天晚上他喝了多少纯酒！”熊法官开着警车赶来了。

酷酷猴说：“咱们不管他往坛子里倒了多少清水，只考虑坛子里的酒。第一天他喝了 500 毫升的酒，剩下 $1000\times\frac{1}{2}=500$（毫升）。第二天剩下的酒是 $1000\times\frac{1}{2}\times\frac{1}{2}=250$（毫升）。第三天剩下的酒是 $1000\times\frac{1}{2}\times\frac{1}{2}\times\frac{1}{2}=125$（毫升）。狐狸昨天晚上喝了 125 毫升的纯酒。”

熊法官猛地一拍桌子，问：“你第一天喝了 500 毫升的酒都没醉，昨天晚上只喝了 125 毫升，怎么就醉了呢？”

酷酷猴在一旁助威：“快说！”

“这……”狐狸卡壳了。

知识点解析

浓度问题

故事中的问题是浓度问题。要求狐狸第三天晚上喝了多少毫升的纯酒，也就是求第三天酒的溶质是多少。第一天，溶质为500毫升的纯酒；第二天，溶质为250毫升的纯酒；第三天，溶质为125毫升的纯酒。

有关浓度问题的公式有：

溶质的重量÷溶液的重量=浓度；

溶液的重量×浓度=溶质的重量。

考考你

酷酷猴将一满杯浓度为50％、重量为100克的糖水喝掉一半后，再用清水将糖水杯加满，摇匀后又喝了50克，然后再次兑满清水。现在杯中含糖多少克？

消灭兔子

酷酷猴揭穿了狐狸醉酒的谎言，狐狸低下了头，他两只眼珠乱转，心里打起了鬼主意。狐狸忽然提高嗓门儿说：“就算小兔子是我打伤的,我也是为整个大森林着想啊！”

熊法官惊奇地问：“这是为什么？”“我算过一笔账。”狐狸来精神了，他往前走了两步，说，“1 对小兔子，经过一个月就变成了大兔子，他们就可以生小兔子。不用多说，就算他们一个月只生 1 对小兔子，第二个月末就有 4 只兔子，包括 1 对大兔、1 对小兔。”

熊法官问：“你算这些干什么？”狐狸挺着脖子说：“用数字说明问题呀！为了让熊法官听得懂，我用 B 代表 1 对未成年小兔，A 代表 1 对成年的大兔，我给你们画一张兔子繁殖表。”说完画了一张表。

狐狸指着表说：“第四个月就变成了 5 对，第五个月就变成了 8 对，我再接着画。”

“不用画了。”酷酷猴拦住了他，“通过前面的变化，

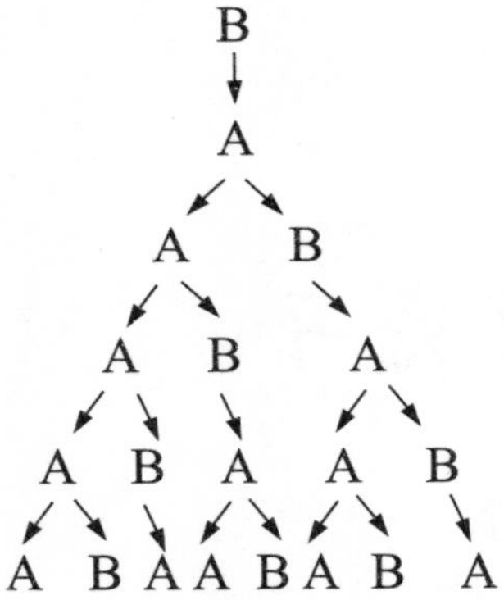

1 个月
2 个月
3 个月
4 个月
5 个月

已经找出了规律：1，1，2，3，5，8。每后一项是相邻前两项之和，第六个月必然是 5 对加 8 对共 13 对兔子。第七个月必然是 8 对加 13 对共 21 对兔子。”

狐狸说：“照这样繁殖下去，一年之后就有 233 对兔子。将来大森林里到处是兔子，别的动物就没地方待了！”

熊法官问：“照你的意思呢？”狐狸高举双爪，凶狠地说：“要吃兔子，要大量吃兔子，要消灭兔子！”

熊法官指着狐狸说：“你是既有理论，又有实践，看来小兔子必然是你打伤的。酷酷猴！”酷酷猴答应一声：“在！”熊法官下令：“立刻逮捕狐狸！”“是！”酷酷猴掏出手铐要铐狐狸。

咣当一声，狐狸把门关上，又哗啦一声从里面把门锁上。酷酷猴推门，推不开。熊法官急了，抬起腿把门踢开。酷酷猴立即冲了进去。

三只口袋

酷酷猴闯进狐狸的家，狐狸已经不见了，后窗户开着。

“追！”酷酷猴噌的一声从后窗户跳了出去。

熊法官也想从后窗出去，忽然又止住了脚步。他看见桌子上放着一个账本。账本上写着：

我连续6天每天出去抓一只鸡，抓到的这些鸡的重量分别是4.5千克、3千克、2千克、2千克、1.5千克、1千克。我把这些活鸡分别装在三只口袋里，装的时候要使三只口袋差不多重。我把最重的一只口袋放在南边的一棵大枯树的树洞里。另外两只口袋，一只放在东边山洞里，一只挂在西边一棵树上。勿忘！

熊法官自言自语地说：“我算一算，他最重的口袋有多重。可这怎么算呀？”

“我来算！”酷酷猴没追上狐狸，从窗户返回了。

酷酷猴想：要使三只口袋差不多重，应该先求平均重量。他在地上列了一个算式：

$$(4.5+3+2+2+1.5+1)\div 3\approx 4.67\text{（千克）}$$

“这三只口袋的平均重量大约是 4.67 千克。”酷酷猴好像发现了什么。

熊法官问：“求平均重量有什么用？”

“当然有用啰！”酷酷猴说，“用这六个数中的某几个不能组成 4.67 千克，只能组成接近 4.67 千克的 5 千克，所以最重的一只口袋有 5 千克。”

熊法官在屋里踱着步子，想了一会儿，说：“我琢磨着狐狸肯定会去取他偷来的鸡，首先是取最重的口袋！”

“对！咱们去南边找那棵大枯树。”酷酷猴转身出了门。

大枯树很好找，树洞很深。酷酷猴让熊法官在外面守着，自己跳进了树洞。树洞里伸手不见五指，酷酷猴摸索着前进。

突然，一只老母鸡从洞里扑棱棱飞出来。酷酷猴一低头，老母鸡从他头上飞了过去。

酷酷猴心想：这只口袋里会有几只鸡呢？必须凑成 5 千克才行。$3+2=5$，可能有 2 只鸡；$2+2+1=5$，也可

能有 3 只鸡。

酷酷猴继续往里走，从里面又扑棱棱飞出一只公鸡。酷酷猴一闪身，让了过去。等了半天，里面没有动静，酷酷猴心想：可能就这两只鸡。他直起腰往里闯，没走几步，又一只公鸡从里面扑棱棱飞出来，与酷酷猴迎面相撞。“哎呀！”酷酷猴被撞了个屁股蹲儿。

“哈哈……叫你尝尝飞鸡的厉害！”狐狸在里面十分得意。

三个圆圈

酷酷猴从地上爬起来，冲里面大喊："狐狸，你不要再耍花招了，快快出来投降！"狐狸在里面细声细气地说："有个问题一直困扰着我,如果你们能帮我解决,我就出去。"

熊法官说："你把问题讲出来。"狐狸说："这片大森林里共有 200 只狐狸，它们吃东西都不一样。兔子、鸡、田鼠三种动物都吃的有 28 只，吃兔子和鸡两种动物的有 22 只,只吃兔子和田鼠的有 32 只,只吃鸡和田鼠的有 2 只;另外，吃兔子的有 100 只，吃鸡的有 65 只，吃田鼠的有 102 只。我想知道这三种动物都不吃的狐狸有多少只。"

熊法官大怒，叫道："狡猾的狐狸，编出这么一道复杂的问题来为难我们！酷酷猴，咱们往里冲！""慢！"酷酷猴拦住了熊法官，"为了使狐狸心服口服，咱们把他的难题解出来。""好！"狐狸在里面拍手叫好。

酷酷猴退到树洞外面，在地上画了三个大圆圈，旁边分别写上"吃兔子""吃鸡""吃田鼠"。他说："这三个大圆圈两两相交，一共可分成七小块。我把吃不同动物的狐狸数，分别填进不同的小块中。”

熊法官问：“这怎么填？”酷酷猴说：“三种动物都吃的有 28 只狐狸，应该把 28 填进三个圈的公共部分。只吃兔子和鸡的狐狸有 22 只，把 22 填进上面两个圈的公共部分。同样办法可以填上 32 和 2。”

熊法官点点头说：“应该把吃兔子的 100 只狐狸填进最左边的小块里。”“不对，不对。”酷酷猴摇摇头说，“吃兔子的 100 只狐狸中包括了三种都吃的 28 只，也包括只吃兔子和鸡的 22 只，还包括只吃兔子和田鼠的 32 只。”

“嘻嘻……”狐狸在树洞里边笑边说，“傻熊，照你这样算，我们狐狸要超过 300 只了。”

酷酷猴说：“应该做减法，100－28－22－32＝18，左边小块里填 18 才对。”“噢，我明白了。”熊法官在另外两个小块中填上 13 和 40。

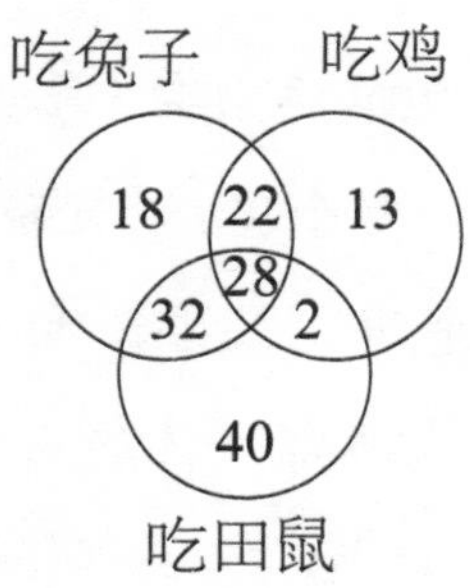

酷酷猴又做了个减法：200－28－22－32－2－18－13－

40 = 45，然后朝洞里喊："算出来了，这三种动物都不吃的狐狸有 45 只。快出来投降吧！"

狐狸答应一声，拼命往外冲，想趁机逃跑。熊法官早有准备，他用屁股一撞，把狐狸撞晕了。

通过熊法官和酷酷猴的努力，大森林的秩序一天比一天好起来。

知识点解析

集合

集合是指将数个具有特定性质的对象归类而形成的一个个整体。故事中，狐狸吃小动物的情况可以分成一个个集合，这需要借助韦恩图来分析已知条件的关系，酷酷猴画的图就是韦恩图。

考考你

学校举办冬季趣味运动会，每班至少有一项得优，全校接力赛得优的有 8 个班，袋鼠跳得优的有 10 个班，拔河得优的有 10 个班，接力赛和袋鼠跳都得优的有 4 个班，袋鼠跳和拔河都得优的有 3 个班，接力赛和拔河都得优的有 2 个班，三项都得优的有 1 个班。全校有多少个班？

答案

竹雕项链

90分钟

鬣狗劫狱

数的对面是酷，学的对面是猴，探的对面是长。

谁出的主意

真凶是豹。

几根筷子

4个

我会算卦

数=4，学=1，猴=7。

大蛇偷蛋

28千米／小时

橡皮鸡蛋

第一天34根，第二天35根。

90件坏事

396件

追捕狐狸魂儿

2

狐狸醉酒

12.5克

三个圆圈

20个

数学知识对照表

书中故事	知识点	难度	教材学段	思维方法
竹雕项链	蜡烛燃烧问题	★★★★★	六年级	转化成工程问题
鬣狗劫狱	立体图形	★★★★	五年级	反向思考，寻找规律，找对立面
谁出的主意	逻辑推理	★★★★	五年级	排除法
几根筷子	抽屉原理	★★★★★	六年级	最不利原则
我会算卦	数字谜	★★★	二年级	找突破口，尝试推理
大蛇偷蛋	行程问题	★★★★★	五年级	一元一次方程的应用
橡皮鸡蛋	分解质因数	★★★★	五年级	短除法
90 件坏事	分数应用题	★★★	六年级	找准量对应的分率
追捕狐狸魂儿	定义新运算	★★★	四年级	正确理解新定义的算式含义
狐狸醉酒	浓度问题	★★★★★	六年级	抓住不变量
三个圆圈	集合	★★★★	三年级	画韦恩图